“十三五”国家重点出版物出版规划项目

能源化学与材料丛书

总主编　包信和

沸石分子筛的绿色合成

肖丰收　孟祥举　著

科学出版社

北京

内 容 简 介

本书主要以沸石分子筛材料的绿色合成，即无有机模板剂合成与无溶剂合成为核心展开。其中无有机模板剂合成主要是介绍各种策略，包括调节起始凝胶配比、利用沸石导向剂及晶种法等；无溶剂合成更侧重于晶化过程、晶化机理及成品性能等方面的讨论。最后还提出了沸石分子筛材料绿色合成面临的新的挑战和机遇。

本书对从事能源化学和材料等学科的基础科学研究和工程技术开发的相关人员具有参考意义，特别是对沸石分子筛和多孔材料领域的研发人员、研究生和本科生具有参考价值。

图书在版编目（CIP）数据

沸石分子筛的绿色合成 / 肖丰收，孟祥举著. —北京：科学出版社，2019.1

（能源化学与材料丛书/包信和 总主编）

“十三五”国家重点出版物出版规划项目

ISBN 978-7-03-059649-9

Ⅰ. ①沸… Ⅱ. ①肖… ②孟… Ⅲ. ①沸石-分子筛 Ⅳ. ①TQ424.23

中国版本图书馆 CIP 数据核字(2018)第 261708 号

丛书策划：杨 震

责任编辑：李明楠 孙 曼 / 责任校对：杨 赛

责任印制：赵 博 / 封面设计：蓝正设计

科学出版社出版

北京东黄城根北街 16 号

邮政编码：100717

http://www.sciencep.com

北京华宇信诺印刷有限公司印刷

科学出版社发行 各地新华书店经销

*

2019 年 1 月第 一 版 开本：720 × 1000 1/16

2025 年 2 月第七次印刷 印张：8

字数：159 000

定价：80.00 元

（如有印装质量问题，我社负责调换）

丛书编委会

丛 书 序

能源是人类赖以生存的物质基础，在全球经济发展中具有特别重要的地位。能源科学技术的每一次重大突破都显著推动了生产力的发展和人类文明的进步。随着能源资源的逐渐枯竭和环境污染等问题日趋严重，人类的生存与发展受到了严重威胁与挑战。中国人口众多，当前正处于快速工业化和城市化的重要发展时期，能源和材料消费增长较快，能源问题也越来越突显。构建稳定、经济、洁净、安全和可持续发展的能源体系已成为我国迫在眉睫的艰巨任务。

能源化学是在世界能源需求日益突出的背景下正处于快速发展阶段的新兴交叉学科。提高能源利用效率和实现能源结构多元化是解决能源问题的关键，这些都离不开化学的理论与方法，以及以化学为核心的多学科交叉和基于化学基础的新型能源材料及能源支撑材料的设计合成和应用。作为能源学科中最主要的研究领域之一，能源化学是在融合物理化学、材料化学和化学工程等学科知识的基础上提升形成，兼具理学、工学相融合大格局的鲜明特色，是促进能源高效利用和新能源开发的关键科学方向。

中国是发展中大国，是世界能源消费大国。进入 21 世纪以来，我国化学和材料科学领域相关科学家厚积薄发，科研队伍整体实力强劲，科技发展处于世界先进水平，已逐步迈进世界能源科学研究大国行列。近年来，在催化化学、电化学、材料化学、光化学、燃烧化学、理论化学、环境化学和化学工程等领域均涌现出一批优秀的科技创新成果，其中不乏颠覆性的、引领世界科技变革的重大科技成就。为了更系统、全面、完整地展示中国科学家的优秀研究成果，彰显我国科学家的整体科研实力，提升我国能源科技领域的国际影响力，并使更多的年轻科学家和研究人员获取系统完整的知识，科学出版社于 2016 年 3 月正式启动了“能源化学与材料丛书”编研项目，得到领域众多优秀科学家的积极响应和鼎力支持。编撰该丛书的初衷是“凝炼精华，打造精品”。一方面要系统展示国内能源化学和材料资深专家的代表性研究成果，以及重要学术思想和学术成就，强调原创性和系统性及基础研究、应用研究与技术研发的完整性；另一方面，希望各分册针对特定的主题深入阐述，避免宽泛和冗余，尽量将篇幅控制在30万字内。

本套丛书于2018年获“十三五”国家重点出版物出版规划项目支持。希望它的付梓能为我国建设现代能源体系、深入推进能源革命、广泛培养能源科技人才贡献一份力量！同时，衷心希望越来越多的同仁积极参与到丛书的编写中，让本套丛书成为吸纳我国能源化学与新材料创新科技发展成就的思想宝库！

包信和

2018年11月

前　言

近十多年来随着相关学科的理论、研究方法与技术的长足进步，以及沸石分子筛与多孔材料的应用由吸附分离、催化与离子交换等传统领域向高新技术先进材料领域的拓展，人们对沸石分子筛化学中的诸多规律与现象有了进一步的认识，特别是对结构-功能-合成的关系规律有了更系统、更深入的研究与认识。不过需要指出的是，沸石分子筛材料虽然已广泛应用于石油炼制、能源化工及环境保护等领域，但仍然存在合成方法不够绿色、不够高效等问题。作者课题组经过近 20 年在沸石分子筛材料的合成与性能方面的系统研究，在国际上率先开拓了无有机模板剂与无溶剂合成沸石分子筛的新路线，并阐述了模板剂和溶剂在沸石分子筛合成过程中的作用机制，进一步针对当前最常用、最为人熟知也是最重要的沸石分子筛材料进行创新与定向设计合成。在本书中，作者将系统地阐述采用绿色路线高效合成沸石分子筛的发展历史及所涉及的科学问题。

本书共 6 章。第 1 章简单回顾了沸石分子筛合成的历史及面临的挑战，第 2 章主要讨论了包括优化合成配方、使用导向剂等方法无有机模板剂合成多种沸石分子筛，第 3 章则集中于使用晶种法在无有机模板剂的条件下合成多种沸石分子筛，第 4 章介绍了无溶剂合成在沸石分子筛领域内的广泛性，第 5 章主要讨论无溶剂合成沸石分子筛的优势和应用前景，第 6 章对沸石分子筛的绿色合成发展方向做了展望。

由于沸石分子筛材料涵盖众多基础科学问题且具有广阔的应用前景，同时人们的研究水平也在不断提高，因此越来越多的研究者对此产生了浓厚的兴趣。并且，由于涉及多个研究领域，沸石分子筛材料研究已从经典的化学问题发展成为新的交叉领域。本书内容是作者课题组近 20 年研究工作的积累，是对本领域的基本科学问题与发展前沿、方向的理解，以期帮助读者更好地了解沸石分子筛材料绿色合成领域的最新进展及面临的挑战。

本书撰写过程中得到了有关专家的帮助，在此表示感谢。课题组的同学，尤其是王叶青博士和边超群博士在本书的撰写过程中做了大量文字处理工作，在此一并向课题组所有同事和同学致以衷心的谢意。

由于本书内容涉及不少复杂的科学问题，加工作者学识水平与能力有限，难免会存在一些不当与疏漏之处，恳请广大读者批评指正。

作　者

2018 年 11 月

目　　录

第1章 引　　言

1.1 沸石分子筛简介

沸石分子筛材料广泛地应用于石油炼制、能源化工及环境保护等领域，是解决能源与环境问题的关键性材料[1-4]。

根据传统分子筛的定义，分子筛是由 TO_4 四面体之间通过共享顶点而形成的三维四连接骨架[5]。骨架 T 原子通常是指 Si、Al 或 P 等原子，在少数情况下是指其他原子，如 B、Ga、Be 等。分子筛的孔道是由 n 个 T 原子所围成的环，即窗口所限定的。除六元环等小的孔道体系外，分子筛孔道还包括八元环、九元环、十元环、十二元环、十四元环、十八元环和二十元环以及二十元环以上。通常，根据组成孔道的环的大小，可以将分子筛描述为小孔、中孔、大孔和超大孔分子筛。小孔分子筛，如 LTA、SOD 和 GIS 型分子筛，它们的孔道窗口由 8 个 TO_4 四面体围成，孔径约为 4 Å；中孔分子筛，如 MFI，其孔道窗口由 10 个 TO_4 四面体围成，孔径约为 5.5 Å；大孔分子筛，如 FAU、MOR 和 *BEA，它们的孔道由 12 个 TO_4 四面体围成，孔径约为 7.5Å；围成孔道窗口的 T 原子数超过 12 的分子筛，则被称为超大孔分子筛。分子筛中孔道的环多为八元环、十元环和十二元环。关于超大孔分子筛的报道还较少，目前分子筛的孔道最大环数为 30（ITQ-37）。孔道体系可以是一维、二维或三维的，即孔道向一维、二维或三维方向延伸。根据国际分子筛学会（IZA）结构分会的定义，目前有 239 种分子筛结构已经被确认[6]。

沸石分子筛的研究源于一位瑞典科学家的偶然发现。1756 年，Cronstedt 观察到一种取自火山岩的矿物质在被焙烧时有气泡产生，类似于液体的沸腾现象，故将这种矿物称为“沸石”（zeolit，瑞典文：沸腾的石头）。随着地质勘探工作和矿物研究工作的逐步展开，越来越多的天然沸石被发现[2-4]。同时工业上对沸石的应用需求也在逐渐增加，从 20 世纪 40 年代开始，合成沸石成为沸石研究的主要方向。60 年代 USY 沸石在 FCC(流化催化裂化)工艺工业上的大规模应用，进一步激发了研究者合成新沸石的热情。其中，有机胺和季铵盐作为有机模板剂的使用使得沸石分子筛合成领域大大拓展，具有里程碑的意义[2]。随后的 30 年，沸石分子筛的合成进入黄金时代，大量的新结构沸石分子筛被合成出来。沸石分子筛的骨架硅铝比(Si/Al，摩尔比)可以从传统的低硅调控到高硅，乃至全硅。1982 年，美国联合碳化物公司(UCC)的科学家 Wilson 等成功地开发出了一个全新的分子筛家族——磷酸铝分子筛 $AlPO_4$-n，成为沸石分子筛发展史上另一个重要的里程碑[7]。

1.2　沸石分子筛的合成

20 世纪 40 年代，Barrer 开始尝试水热法合成沸石[8]，随后 UCC 的 Milton 和 Breck 等成功使用温和的水热条件(约 100 ℃和自生压力)制备出了 A 型沸石与 X 型沸石以及后来的 Y 型沸石[4]，这被认为是现代经典水热合成法制备沸石分子筛的开始。

水热合成是指在一定温度(100～1000 ℃)和压力(1～100 MPa)条件下利用水溶液中的反应物进行特定化学反应的合成。水热合成一般在特定类型的密闭容器或高压釜中进行。合成硅铝沸石的基本起始物料有硅源、铝源、金属离子、碱、其他矿化剂和水。有时某些添加剂如有机模板剂和无机盐类对晶化会产生重要的作用。影响合成的关键因素包括投料硅铝比、碱度、模板剂的选择等。常规水热合成硅铝沸石是在强碱体系下实现的，而氟离子的引入可以将硅铝沸石晶化体系拓展到中性和酸性条件。

水热合成法中溶剂水可以用其他有机溶剂替代，即溶剂热合成[9-12]。溶剂热合成中可选择的有机溶剂种类繁多，性质差异又很大，为合成提供了更多的选择和机会。在合成过程中，溶剂不仅为合成反应提供一个场所，也会使反应物溶解或部分溶解，生成溶剂合物。溶剂化过程会影响反应物活性物种在液相中的浓度、存在状态以及聚合态分布和化学反应速率，更重要的是，会影响反应物的反应性与反应规律，甚至改变反应过程。

我国科研人员徐文旸等在 20 世纪 90 年代初最早发明了干凝胶转化(dry gel conversion，DGC)制备高硅及全硅分子筛的方法[13]。该方法是把氧化硅凝胶(或硅铝凝胶)和结构导向剂充分混合，并在干凝胶下面放置少量水，在特定装置的反应釜中进行晶化反应，晶化温度控制在 150～200 ℃。此法可以应用于碱性体系，也可应用于酸性氟离子体系。

2004 年，离子热合成法作为一种全新的概念被引入分子筛合成体系中[14-16]。英国的 Morris 等首先提出该方法，他们采用咪唑类化合物的离子液体作为反应溶剂兼模板剂分子，成功合成了多种磷酸铝及金属磷酸铝骨架的分子筛结构[14,16-17]。与传统的水热合成法或者溶剂热合成法合成分子筛相比，离子热合成法可以在接近常压状态下进行，从而减少了高压反应带来的危险，并且降低了投资成本。但是离子热合成法合成分子筛的成果还主要集中在磷酸铝分子筛，合成应用更为广泛的硅铝分子筛仍然需要很多的研究工作。

1.3 沸石分子筛合成面临的挑战

目前，经典的水热合成法仍然是制备沸石分子筛最重要和最常见的方法，但是这种方法在工业生产方面存在着很多挑战。

自 20 世纪 60 年代起，有机模板剂的使用大大拓展了新型结构沸石分子筛的合成[18]。当前，除了少数使用金属阳离子作为模板剂以外，大多数沸石分子筛是在有机模板剂存在的条件下合成的。但是大量使用有机模板剂，仍然存在着明显的缺陷：①大部分有机模板剂是有毒的，在沸石生产过程中会有一些废水等的排放，属于非环境友好的生产过程；②有机模板剂价格比较昂贵，这将最终增加沸石晶体催化材料的合成成本；③有机模板剂的使用使得合成后的样品需要焙烧才能除去有机模板剂，最终得到具有开放孔道的沸石晶体，这在增加生产成本的同时，还增加了氮氧化物和 CO_2 污染气体的排放，与国家提倡的“节能减排”是不符的。除了上述有机模板剂的问题之外，水热合成法使用大量的水溶剂还带来了一系列问题：①由于沸石是在碱性条件下合成的，大量用水必然会带来大量的含碱废水，污染环境，并且消耗大量的水资源；②沸石通常是在 100～220 ℃的高温区间水热合成，大量用水会形成很高的自生压力，因此工业上需要使用高压反应釜，这增加了设备成本，同时也增加了安全隐患；③大量水的使用会造成固体产率降低，导致生产容器的效率低下。因此，特别需要在设计新的绿色合成分子筛的路线中避免使用有机模板剂与大量的水溶剂，而设计新合成路线需要深刻理解沸石分子筛的晶化机理。

沸石的形成过程与晶化机理研究是一个既有理论意义又有实际指导价值的科学问题。对沸石分子筛晶化过程的基本理解至今仍没有得到统一的认识，目前主要有两种观点：一种称为固相转变过程[19-21]，另一种称为液相转变过程[22, 23]。两种机理的区别主要在于液相组分是否参与了沸石的晶化。然而，不论是液相还是固相转变机理，整个晶化过程一般包括以下几个基本步骤：多硅酸盐与铝酸盐的再聚合、沸石的成核、核的生长、沸石晶体的生长及二次成核。深入理解沸石生成的机理和详细过程至今尚存在很多困难，因为整个晶化过程涉及复杂的化学反应与过程，成核和核的生长又多在非均相体系中进行，且整个过程又随时间而变化。另外，人们对凝胶与溶液结构的认识尚缺乏有效的检测工具。这主要是由于经典的水热合成过程中使用了大量的水作为溶剂，晶化中间物种或者状态的特征光谱信号被水的噪声信号掩盖，无法被有效辨别。

1.4　本书的研究目的

沸石分子筛材料虽然已广泛应用于石油炼制、能源化工及环境保护等领域，但仍然存在合成方法不够绿色、不够高效等问题。作者课题组经过近20年在沸石分子筛材料的合成与性能方面的系统研究，在国际上率先开拓了无有机模板剂与无溶剂合成沸石分子筛的新路线，并阐述了模板剂和溶剂在沸石分子筛合成过程中的作用机制，进一步针对当前最常用、最为人熟知也是最重要的沸石分子筛材料进行创新与定向设计合成。在本书中，作者将系统地阐述采用绿色路线高效合成沸石分子筛的发展历史以及所涉及的科学问题。

第2章　无有机模板剂合成沸石分子筛

2.1　有机模板剂的作用

模板剂最早是在1961年提出的，Barrer和Denny等将有机季铵碱引入沸石合成体系，全部或部分地取代无机碱，合成出系列高硅铝比和全硅沸石分子筛[24, 25]。在这里，季铵盐等有机模板剂在沸石晶体合成过程中除了具有平衡骨架电荷和调节体系pH等作用之外，还主要起到模板导向作用。这主要包括：①真实模板作用(true-templating effect)，即有机物在沸石晶化过程中起着真正结构模板的作用，导致某种特殊结构的生成。在这种情况下，有机分子与无机骨架之间通常具有相当紧凑的匹配，并且它们在其孔道或笼中只有一种取向，而不能自由地运动。②结构导向作用(structure-directing effect)，分为一种特殊结构只能由一种有机物导向而合成的严格结构导向作用和有机物容易导向一些小的结构单元、笼或孔道的生成，从而影响整体骨架结构的生成，但与骨架结构间不存在一一对应关系的一般结构导向作用。③孔道填充剂(space-filling species)，其涉及客体分子或离子的空间填充作用，能稳定目标沸石产物的结构。特别是在高硅沸石分子筛的形成过程中，骨架的晶体表面是憎水的，反应体系中的有机分子可部分进入分子筛的孔道或笼中，最大限度地稳定高硅分子筛的疏水内表面，提高有机-无机骨架的热力学稳定性。

深刻理解上述有机模板剂的作用，可以设计不同的路线来实现无有机模板剂合成沸石分子筛，主要包括：①调节起始凝胶配比，这主要是通过调整起始凝胶碱度，即金属阳离子的种类和浓度，来平衡骨架电荷、调节体系pH并且实现部分结构导向作用(如K^+可以导向CAN笼等)和孔道填充作用。需要指出的是，这种合成相区与常规合成相区相比必然会有区别，甚至会出现在一些比较特殊的区域，如较低的硅铝比或者碱硅比，需要细致地研究。②加入沸石导向剂诱导晶化，这主要是加入具备与目标沸石相同基本结构单元的沸石导向剂导向沸石晶体的生长。③加入沸石晶种诱导晶化，这主要是在合成过程中加入所期望的目标沸石晶体作为晶种来实现沸石的快速诱导晶体生长过程。上述前两种方法将在本章中讨论，而沸石晶种诱导晶化的结果将在第 3 章中详细论述。

2.2　调节起始凝胶配比实现无有机模板剂条件下合成沸石分子筛

2.2.1　ZSM-5 沸石分子筛

作为石油化工领域最重要的沸石催化材料之一，ZSM-5 的合成已经被详细研究[26-29]。合成 ZSM-5 的有机模板剂非常广泛，包括各种季铵盐和有机胺等，其中最常用的是四丙基季铵盐(TPA^+)[30]。ZSM-5 沸石曾经长时间被认为一定需要在有机模板剂存在的条件下才能合成。然而在 20 世纪 70 年代末和 80 年代初，有数个研究小组几乎同时发现 ZSM-5 可以在无有机模板剂条件下合成，这甚至导致了系列专利的争论。

南开大学李赫咺教授等在 1981 年公开报道无有机模板剂合成 ZSM-5，这是无有机模板剂合成沸石分子筛的较早尝试[31]。他们发现，在 Na_2O-SiO_2-Al_2O_3-H_2O 体系中，通过调节起始反应物的组成，可以在无有机模板剂条件下合成出 ZSM-5 沸石晶体。与传统方法合成的 ZSM-5 相比，这种在无有机模板剂条件下合成出的产品仍然具有很好的结晶度，但是骨架硅铝比较低，这与该体系中 Na^+作为合成 ZSM-5 的模板有关。几乎在同一时间，张式等用氨水和氢氧化钠作为碱源，以无定形硅酸铝为起始原料成功地合成出高硅 ZSM-5(硅铝比为 30～70)[32]。这种方法只能以无定形硅酸铝为起始原料，限制了该方法的广泛应用。陈国权等改进了这种方法，以水玻璃和硫酸铝为原料，在氨水存在的条件下合成出 ZSM-5，但是硅铝比仍然较低(Si/Al 为 24)。随后他们又仔细考察了这种方法在加入晶种等条件下的晶化温度和碱度对晶化速度的影响，并且讨论了晶化曲线和晶体生长动力学[33]。张密林等在合成该沸石时发现，使用天然沸石为起始物种，在无有机模板剂的条件下也可以合成出 ZSM-5，只是其结晶度比使用有机模板剂的要低，而且原料配比也比较严格[34]。

2.2.2 硅铝沸石 ECR-1

在无有机模板剂条件下合成出 ZSM-5 之后的 20 多年时间内，人们使用不同的有机模板剂合成出大量的沸石分子筛新结构，但是无有机模板剂合成沸石的研究陷入了低谷，直到 2006 年才有学者在无有机模板剂的条件下合成出 ECR-1[35]。

具有十二元环的硅铝沸石 ECR-1 是由丝光沸石(MOR)片层和针沸石(MAZ)片层相互交替所构成的。该沸石最初是由 Vaughan 等使用二羟乙基二甲基氯化铵为模板剂合成出来的[36, 37]。后来，人们又陆续采用其他有机模板剂来合成 ECR-1，如 TMA^+等[38, 39]。构成 ECR-1 的基本结构单元的丝光沸石和针沸石都是可以在无有机模板剂条件下合成的，因此推测 ECR-1 也许可以在无有机模板剂的条件下合成出来。作者的研究小组仔细调节沸石合成的起始物料组成，最终成功地在无有机模板剂的条件下合成了硅铝沸石 ECR-1(图 2.1)[35]。在该沸石的合成过程中，碱度、温度和合成时间是关键因素。当 Na_2O/SiO_2 较高时(即碱度为 0.33)，生成的产物是 Y 型沸石；当碱度降低到 0.28 时，14 天凝胶晶化，产物是 Y 型沸石和 ECR-1 的混相，其中 Y 型沸石是主要产物；当碱度降低到 0.25 时，14 天后可以得到 ECR-1 的纯相。如果体系的碱度低于 0.20，在 100 ℃晶化 14 天或者更长时间得到的产品仍然是无定形相。当分别升高晶化温度至 140 ℃和 160 ℃时，虽然凝胶在短时间内(分别是 5 天和 1 天)就可以晶化，但是产物是 ECR-1 和 P 型沸石的混相。

图 2.1　无有机模板剂合成的 ECR-1

作者在随后的研究中还发现，在无有机模板剂存在的条件下可以将 Y 型沸石水热转晶得到 ECR-1[40]，因为 Y 型沸石合成简单、价格低廉、不使用有机模板剂，由 Y 型沸石成功地转晶为 ECR-1 对于 ECR-1 的工业应用具有重要意义。需要指出的是，由于该转化体系的碱度较低，100 ℃下晶化 7 天的产物(Y 型沸石)的结晶度仍然不是很高。随着晶化时间的延长，当晶化时间为 9 天时，Y 型沸石进一步生长，同时在 X 射线衍射(XRD)谱图上可以明显地观察到归属于 ECR-1 沸石的 8.3°、9.7°、11.2°和 13.0°等新谱峰。随着晶化时间的继续增加，ECR-1 在产品中的比例逐渐变大。当晶化时间达到 13 天时，可以得到纯的 ECR-1。扫描电子显微镜(SEM)照片也显示随着晶化时间的增加，产品的形貌从粒状晶体慢慢变化为麦捆状晶体，这意味着 Y 型沸石水热转晶变为了 ECR-1 沸石(图 2.2)。当晶化 9 天时，SEM 照片清楚地显示出两种晶体并存，其中小的粒状晶体为 Y 型沸石，而大的麦捆状晶体为 ECR-1 沸石。当晶化时间为 11 天时，SEM 照片中主要是大量的麦捆状 ECR-1 沸石。当晶化时间为 13 天时，可以看到粒状晶体完全消失了，产品全部是麦捆状的晶体，这就是 ECR-1 沸石的纯相。如果把晶化时间延长到 21 天，所得产品仍然为 ECR-1 沸石。

需要指出的是，上述两种方法在无有机模板剂的条件下合成 ECR-1 的晶化

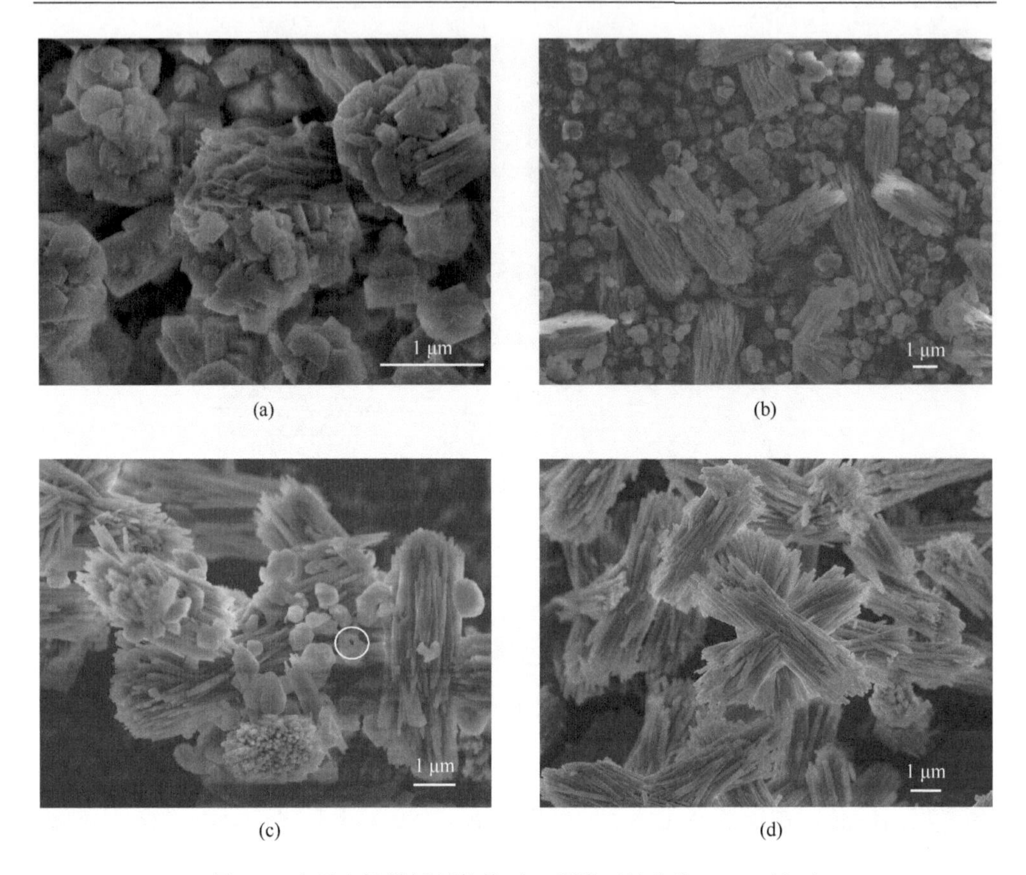

图 2.2　在无有机模板剂条件下 Y 型沸石转化为 ECR-1 沸石

(a) 7 天；(b) 9 天；(c) 11 天；(d) 13 天

时间太长(13～21 天)，而在随后的研究中，作者又优化了合成条件，提高晶化温度至 120 ℃，将晶化时间缩短至 4 天[35]。在该合成过程中，碱度起决定性作用，因此设计了加入氯化铵形成缓冲溶液，有效控制合成体系的碱度的实验。当氯化铵与氧化钠的摩尔比控制在 0.63 左右时，在 120 ℃可以快速(4 天)晶化得到 ECR-1 沸石的纯相。但是需要注意，氯化铵加入太多会产生丝光沸石(MOR)混相，而氯化铵加入太少会产生 P 型沸石。

作者比较了该体系在 100 ℃和 120 ℃下的晶化过程，结果发现，在 120 ℃的体系中从晶核形成到晶体生长，自始至终只存在 ECR-1 一种晶相，说明这是一个自发成核的生长过程；而在 100 ℃时 ECR-1 的晶化生长过程是从 Y 型沸石逐渐转晶的过程。这主要是由于合成体系中的前驱体溶液所包含的次级结构单元在 100 ℃起到了导向 Y 型沸石的作用，并在合成初期形成了大量的 Y 型沸石，随着晶化时间的延长，产物中的 Y 型沸石逐渐向结构更稳定的 ECR-1 转化；而在 120 ℃体系中，较高的合成温度有可能使导向 Y 型沸石的结构单元重新解离成硅铝酸根离子，在较高温度下越过 Y 型沸石相区，直接形成 ECR-1 晶核，并导致 ECR-1 快速晶化生长。上述研究结果显示在无有机模板剂合成沸石的过程中，碱度、温度和晶化时间是核心因素，在随后关于无有机模板剂合成沸石的研究中，这三个因素也会被频繁讨论。

氮气吸附结果显示，使用上述无有机模板剂方法合成的 ECR-1 沸石未经焙烧时的 BET 比表面积已经达到 412 m^2/g，而微孔孔体积为 0.17 m^3/g，说明孔道在焙烧前就已经是开放的。电感耦合等离子体(ICP)分析结果显示所得到样品的 Si/Al 在 4 左右。^{27}Al NMR 谱图证实样品中没有非骨架铝。异丙苯裂化反应被用作模型反应来测试 ECR-1 的反应活性，第 1 次脉冲时，反应活性高达 96%，但是随着脉冲次数的增加，反应活性逐渐下降，到第 12 次时，反应活性仅有 51%，这主要是由 ECR-1 的一维孔道容易积炭所致。

ECR-1 的工业价值远远不如 ZSM-5，但是无有机模板剂合成 ECR-1 和 20 多年前无有机模板剂合成 ZSM-5 的发现一样重要，因为该发现打破了近 30 年来研究人员对沸石分子筛只有在有机模板剂或晶种存在条件下才能合成出来的观念。尽管如此，仍然有人认为调节起始凝胶配比实现无有机模板剂条件下的合成只是孤例，很难应用到其他结构分子筛，或者这种方法合成的产物硅铝比低，应用效果不好。随后，调节起始凝胶配比在无有机模板剂条件下合成高硅铝比的 TON 结构沸石分子筛证实了这种方法的普适性。

2.2.3　TON 结构沸石分子筛

20 世纪 80 年代，美国 Mobil 公司合成出具有 TON 拓扑结构的高硅分子筛材料 ZSM-22。该结构的主孔道是由十元环组成的一维孔道，直径为 0.47 nm×

0.55 nm[41, 42]。由于 ZSM-22 分子筛具有合适的孔道结构和较强的酸性，其在催化脱蜡、芳香烃烷基化和甲醇转变为烯烃等反应中表现出较好的选择性[43-48]。ZSM-22 沸石分子筛合成所需的有机模板剂比较广泛，如链状有机胺、二胺、长链聚胺以及季铵盐等[49]。

最近，作者尝试在无有机模板剂条件下合成 TON 结构沸石分子筛，将氢氧化钾、去离子水、硫酸铝和正硅酸四乙酯混合均匀形成初始凝胶，在均相反应器中 150 ℃晶化即可得到所需的 TON 结构沸石分子筛(命名为 ZJM-4)[50]。ZJM-4 分子筛的 SEM 照片显示其具有 2～3 μm 长的棒状结构(图 2.3)，与文献

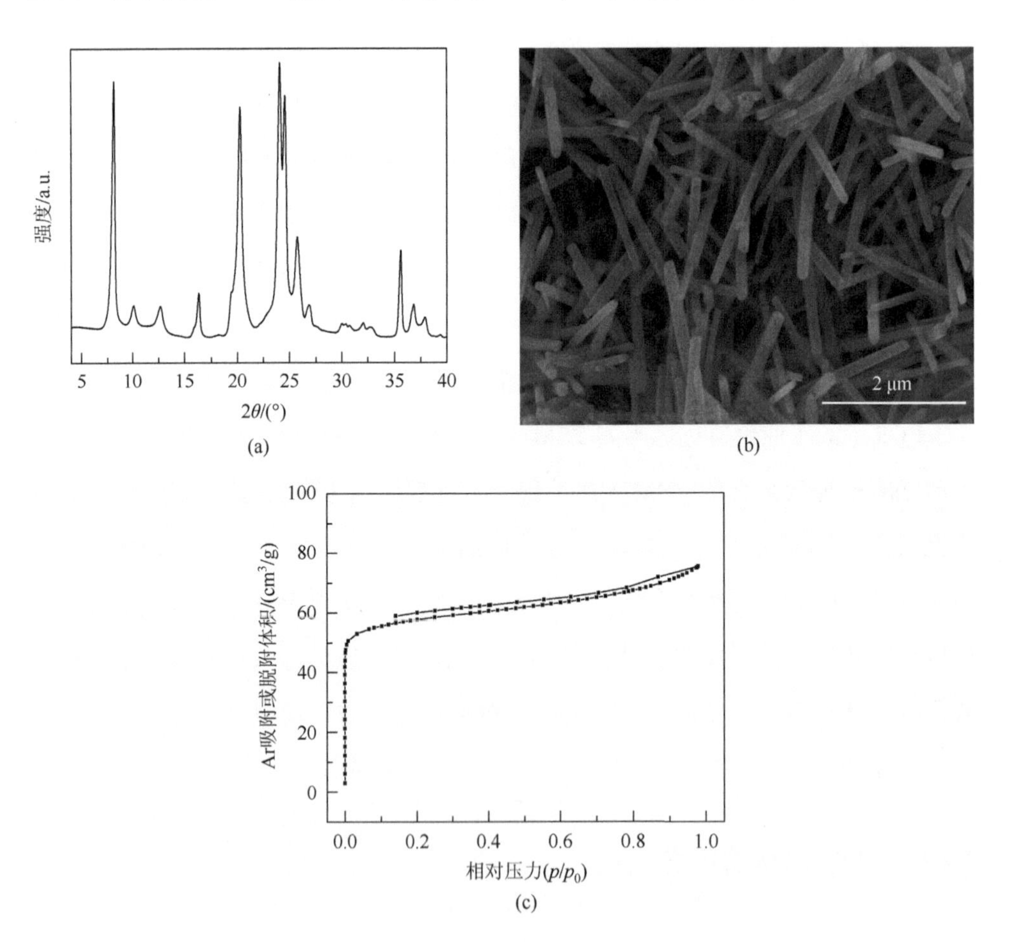

图 2.3　在无有机模板剂条件下合成 TON 结构沸石分子筛的 XRD 谱图(a)、SEM 照片(b)和氩气吸附等温线(c)

中报道的用有机模板剂合成的 TON 结构沸石分子筛相一致。从氩气吸附等温线中可以看出，Langmuir 吸附在相对压力 $10^{-6}<p/p_0<0.01$ 范围内急速增加，这是微孔孔道被氩气快速填充造成的。相对应样品的 BET 比表面积为 171 m^2/g，微孔孔体积为 0.066 m^3/g，HK 孔径分布在 0.55 nm 附近。^{27}Al NMR 谱图表明焙烧前后的 ZJM-4 分子筛都具有 57.5 ppm 处的一个强峰，归属于骨架内四配位的 Al 物种，而 0 ppm 处没有峰的存在说明合成的样品和焙烧以后的样品中都不存在骨架外的 Al 物种。在固体 ^{29}Si NMR 谱图中显示出了归属于 Si(4Si)物种的−111 ppm、−113 ppm、−115 ppm 谱峰和归属于 Si(3Si，1Al)或 Si(3Si，1OH)的−104.5 ppm 谱峰。

ZSM-22 分子筛在以往报道中都是在动态条件下实现合成的(在静态条件下只能得到无定形相)，这同样适于无有机模板剂条件下合成 ZJM-4 分子筛。下面的系统研究都是在动态条件下完成的。

在 ZJM-4 分子筛的合成过程中，很多因素包括 SiO_2/K_2O、SiO_2/Al_2O_3、SiO_2/H_2O 以及晶化温度和晶化时间都会影响 ZJM-4 分子筛的形成以及它的结晶度。初始凝胶体系中 KOH 的量将会明显地影响 ZJM-4 分子筛的形成。当 SiO_2/K_2O(摩尔比)为 14.29 时，产物为无定形相；当 SiO_2/K_2O 为 12.84 时，产物中大部分是 ZJM-4 分子筛和少量无定形相；当 SiO_2/K_2O 降至 11.88 时可以得到纯相的 ZJM-4 分子筛；当 SiO_2/K_2O 下降至低于 10 时，产物中会出现越来越多的白硅石(Cris)。同样，初始凝胶中的 Si/Al 也影响了 ZJM-4 样品的形成。当 Si/Al 为 25 时，只能得到无定形相；当 Si/Al 为 40 时，产物中的主要成分是 ZJM-4 分子筛；当 Si/Al 增至 50 时可以得到纯相的 ZJM-4 分子筛；继续增加初始凝胶的 Si/Al，当超过 60 以后，样品中就渐渐出现了白硅石杂相。进一步研究发现，初始凝胶中合适的 SiO_2/H_2O 为 0.0225 左右，水分过少会产生白硅石而水分过多不利于 ZJM-4 的成核生长，产物中仍然存在大量无定形相。150 ℃是无模板剂合成 ZJM-4 分子筛时较优的晶化温度，当温度低至 135 ℃时，产物完全是无定形相，当温度高于 165 ℃时，杂相白硅石就会形成。当晶化时间小于 26 h 时，产物主要是无定形二氧化硅；当晶化时间大于 60 h 时，样品中就会出现越来越多的白硅石杂相。这说明 TON 结构沸石分子筛是一种亚稳态结构的晶体，骨架结构能量较高，其晶化过程是与白硅石竞争生长的一个过程，随着晶化时间的不断增加，白硅石的生长及 TON 结构沸石向白硅石结构的转变成为主导过程。所以在沸石合成过程中要控制晶化时间，避免白硅石杂相的产生。

沸石结构单元在分子筛的形成过程中扮演着重要角色，通过红外检测可以发现合成 ZJM-4 的初始凝胶在 554 cm^{-1} 处有一个微弱的谱峰，这与其最终分子筛产品中的 551 cm^{-1} 谱峰都归属于 TON 结构沸石中的五元环不对称振动峰。该结果说明初期合成凝胶中已经有 TON 结构单元的存在，这些结构单元可以诱导 ZJM-4 分子筛的成核与晶体生长。相比之下，如果初始凝胶中没有这些结构单元，则无法成功合成 ZJM-4 分子筛。无有机模板剂合成 TON 结构沸石的结果验证了沸石结构单元在分子筛的合成过程中所起的关键作用。

需要特别指出的是，ZJM-4 分子筛样品中的硅铝比为 41。该结果是令人意外的，因为长久以来，沸石合成领域有一个传统观点：无有机模板剂合成，特别是通过调节起始凝胶配比实现的方法制备的沸石产品的硅铝比较低。高硅铝比的 TON 样品的制备说明通过调节起始凝胶配比实现的无有机模板剂合成方法也可以得到高硅铝比产品。另外值得关注的是，该合成过程中原料硅的一次利用率达到了 80%以上，远高于其他无模板剂法合成分子筛过程中的利用率。上述两点对工业上的应用具有重要意义。

2.3 利用沸石导向剂在无有机模板剂条件下合成沸石分子筛

2.3.1 ZSM-34 沸石分子筛

硅铝沸石 ZSM-34 具有比较复杂的孔道结构，其独特的孔道结构使得它在催化领域有重要的应用[51, 52]。ZSM-34 是由菱钾沸石(OFF)和毛沸石(ERI)组成的共生体，由 Rubin、Givens 和 Occelli 等的研究小组分别使用三甲基羟乙基氢氧化铵为模板剂合成。其他有机模板剂如二元胺随后也被尝试用于合成 ZSM-34 沸石分子筛[53, 54]。

从结构上看，OFF 和 ERI 都具备钙霞石笼(CAN)结构单元，ZSM-34 沸石分子筛的特征结构单元也是 CAN。OFF 和 ERI 都可在无有机模板剂的条件下合成。可以推测，如果能够提供足够的 CAN，可能会在无有机模板剂条件下合成出 ZSM-34 沸石分子筛。因此，作者选择将另外一种具备 CAN 结构的 L 沸石(LTL)导向剂加入合成 ZSM-34 的起始凝胶体系中，成功地在无有机模板剂条件下合成出 ZSM-34(图 2.4)[55]。沸石导向剂，人们也称为晶种溶液(seeds solution)，是具有沸石结构单元的液体溶液。如表 2.1 所示，当没有加入 L 导向剂时，凝胶在 17 天时仍然没有晶化；当加入少量 L 导向剂(1 mL)时，17 天就可以得到完全晶化的 ZSM-34 沸石；进一步增加 L 导向剂的用量(1.5～2 mL)时，晶化时间从 17 天缩短到 7 天，这说明 L 导向剂不仅起到了对生成 ZSM-34 沸石分子筛的结构导向作用，还能大大加快合成体系的晶化速度，这与传统的导向剂的作用是一致的；当更大量的 L 导向剂加入(3 mL)时，少量的 L 沸石混相伴随着 ZSM-34 晶体一起形成。以上结果说明 L 导向剂中存在的 CAN 次

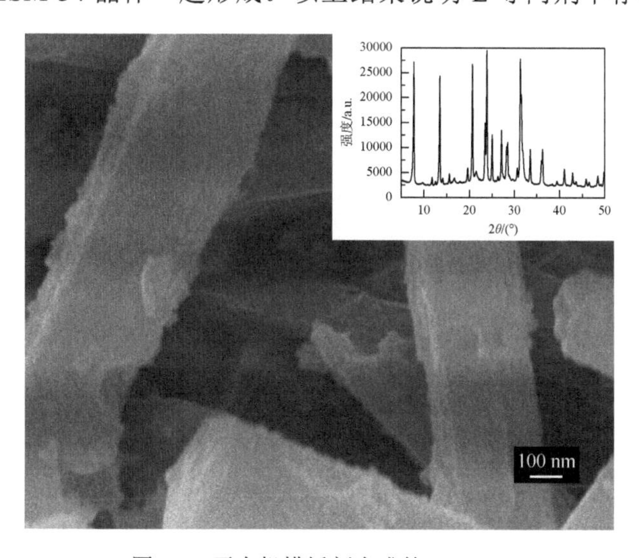

图 2.4　无有机模板剂合成的 ZSM-34

级结构单元影响了合成 ZSM-34 的起始凝胶相中硅铝酸根物种的聚集状态，进而在无有机模板剂的情况下诱导了 ZSM-34 结构的生成，而且当 L 导向剂的量不同时，诱导能力(即晶化速度)也会有所不同。当 L 导向剂的量增大到一定程度时，产物中出现 L 沸石的混相，并且 L 导向剂的量越多，产物中 L 沸石混相的相对含量越大，这可能是过量的次级结构单元导致了过强地导向 L 沸石的作用而引起的结果，这也间接地证明了 L 导向剂确实具有结构导向作用，可使原本产物中无定形的凝胶体系在其导向作用下晶化出 L 沸石。

表 2.1　使用 L 沸石导向剂合成 ZSM-34 体系中合成条件对产物的影响

序号	起始凝胶硅铝比	起始凝胶加入 L 沸石导向剂体积/mL	晶化时间/天	产物
1	25	0	7	无定形相
2	25	0	17	无定形相
3	25	1	17	ZSM-34
4	25	1.5	12	ZSM-34
5	25	2	7	ZSM-34
6	25	3	7	ZSM-34 + L
7	25	4	7	L + ZSM-34
8	25	5	14	无产品
9	25	6	14	无产品
10	25	7	14	无产品
11	20	2	7	未知产品
12	30	2	7	无定形相

凝胶体系中 SiO_2/Na_2O(摩尔比)对 ZSM-34 的合成及晶化速度也具有十分重要的影响。当 SiO_2/Na_2O 为 2.94 时，晶化速度较慢，晶化 7 天后，产物主要是 ZSM-34 晶体，但夹杂着部分无定形相，延长晶化时间至 9 天，晶化基本完成，产物以 ZSM-34 为主，夹杂少量的丝光沸石。当 SiO_2/Na_2O 为 2.76 时，经 7 天晶化可得到较好的 ZSM-34 产物。而当 SiO_2/Na_2O 为 2.47 时，体系的晶化速度变快，在 5 天时已基本晶化完全，但含有混相 PHI 沸石。所以合成体系的

SiO_2/Na_2O 必须严格控制在 2.47～2.94 之间。这主要是由于体系中 Na_2O 的量增加时，碱度能影响凝胶中硅酸根与铝酸根间的聚合成胶速度，增大碱度，诱导期会缩短，成核速度变快，晶化周期缩短。SiO_2/Na_2O 不仅对晶化速度有影响，还对最终晶化产物有很重要的影响。当 SiO_2/Na_2O 高时，会出现 MOR 的混相，当 SiO_2/Na_2O 低时，又会伴有 PHI 沸石的生成。

起始凝胶中的 SiO_2/Al_2O_3 可以在很大范围内(31～94)变化，但对其组成进行分析可以发现 ZSM-34 产物中的 Si/Al 基本维持在 3.3～4.6 之间。起始凝胶中的 SiO_2/Al_2O_3 对晶化速度有较明显的影响。当起始凝胶中的 SiO_2/Al_2O_3 为 94 时，合成体系可在 5 天内晶化完全，而当 SiO_2/Al_2O_3 为 31 时，则需要 9 天才可晶化完全。SiO_2/Al_2O_3 对晶化速度的影响可能是由不同的 Si/Al 对凝胶体系物种间的缩聚速度的影响所致。需要说明的是，和产物相比起始凝胶 Si/Al 过高，说明起始凝胶中的 Si 物种远远过剩，晶化完成后所得的上层清液(即母液)中含有大量的 Si 物种，ICP 结果(母液中 Si/Al 为 234)也证实了这一点，这主要是由体系的碱度过强导致 Si 物种易于溶解而无法进入分子筛骨架结构。

晶化速度还受晶化温度的影响。在 100 ℃时，体系需要较长的晶化时间，即使在 14 天时，产物中仍混有部分无定形相，还含有很少量的 L 沸石。较高的温度(140 ℃)使晶化速度加快，但 ZSM-34 产品中混有少量的 PHI 沸石。当晶化温度升高到 160 ℃时，最后的产物为正长石($KAlSi_3O_8$)。120 ℃下，ZSM-34 的晶化曲线呈典型的自发成核体系 S 形曲线，存在三个阶段：一是诱导成核期，即在晶化的初期，还没有晶体结晶出来(XRD 谱图显示为无定形)；二是快速生长期(自催化过程)，在此期间体系的晶化速度逐渐加快，结晶度逐渐增大；三是晶化后期，体系的晶化速度逐渐变慢，结晶度渐趋平缓，结晶完全。

N_2 吸附结果表明未焙烧的样品具有开放的孔道，比表面积为 430 m^2/g，孔径(HK)为 0.52 nm。并且，作者使用相似的方法，在 L 晶种溶液的导向作用下，实现了含杂原子(B、Ga、Fe)的 ZSM-34 的无有机模板剂合成。

以甲醇制备低碳烯烃(MTO)反应作为模型反应测试了无有机模板剂直接合成的 Al-ZSM-34、B-ZSM-34 和 Ga-ZSM-34 的催化性能。Al-ZSM-34 的甲醇转化率在反应开始阶段维持在 100%，反应主产物为丙烯和乙烯，低碳烯烃选择性大于 75%，而且丙烯的选择性要比乙烯的高一些，而大分子产品(＞C_5)的选择性低于 8%。反应进行 180 min 后，甲醇的转化率逐渐降低，并伴随二甲醚(DME)的产生，这说明催化剂在逐渐失活。随着反应时间的延长，丙烯和乙烯的选择性也逐渐降低，并且 300 min 后二甲醚变为主产物。B-ZSM-34 和 Ga-ZSM-34 样品表现出了相似的催化活性。

使用导向剂溶液加速沸石分子筛的晶化或者部分代替有机模板剂的作用从而实现低有机模板剂用量合成沸石分子筛已经被广泛报道，并且在工业化合成中被大规模使用。例如，使用 Y 导向剂合成 Y 型沸石在工业合成上已运用很多年，使用 Beta 沸石导向剂可以大幅度降低 Beta 沸石合成过程中有机模板剂［四乙基氢氧化铵(TEAOH)］的使用量。但是上述例子都是使用同目标沸石结构完全相同的导向剂，而 ZSM-34 的合成中，导向剂与目标沸石的结构并不完全相同，进一步证实了在 2.2 节讨论的沸石结构单元在分子筛的合成过程中所起的关键作用。

2.3.2　FER 结构沸石分子筛

Ferrierite(FER)结构沸石分子筛具有二维的直孔道结构，平行于[001]方向的十元环孔道大小为 0.42 nm×0.54 nm，平行于[010]方向的八元环孔道大小为 0.35 nm×0.48 nm[56]。具有该结构的分子筛如 ZSM-35 在直链烯烃的骨架异构化反应中展示出优异的催化活性[57-60]，因此该类沸石分子筛晶体材料的合成吸引了很多研究者的广泛关注。低硅铝比(Si/Al＜10)的 FER 沸石分子筛可以在无有机模板剂的条件下合成[61, 62]，但是高硅铝比的 FER 沸石分子筛的合成仍然需要有机模板剂，如有机胺或者一些含氧有机物[63-65]。

在 2.3.1 节无有机模板剂制备 ZSM-34 的过程中采用了具有相同基本结构单元(CAN)的 L 沸石导向剂来诱导 CAN 结构单元的产生和自组装并最终得到 ZSM-34，这个方法被拓展到高硅 FER 沸石分子筛的无有机模板剂合成。FER 和 CDO 结构沸石分子筛的基本结构单元是相似的，它们的不同点在于构成骨架的片层连接时的水平移动，所以用 CDO 沸石分子筛的结构单元去诱导 FER 沸石分子筛的晶化是完全有可能的。因此，作者在无有机模板剂条件下将 RUB-37 (CDO 结构)沸石晶种加入合成凝胶并使之溶解成晶种溶液，成功地合成出了高硅铝比的 FER 沸石分子筛(命名为 ZJM-2)，合成产物的硅铝比可以达到 14.5[66]。根据不同晶化时间(0～72 h)得到的样品的 XRD 谱图(图 2.5)可以看出，初始凝胶在 9.6°出现一个峰，它归属为晶种 RUB-37 的衍射峰，这说明此时的 RUB-37 仍然是以晶体的形式存在的。当晶化时间延长到 12 h 时，该峰完全消失，产物为无定形相，这说明在碱性水热条件下沸石晶种已经溶解成晶种溶液，

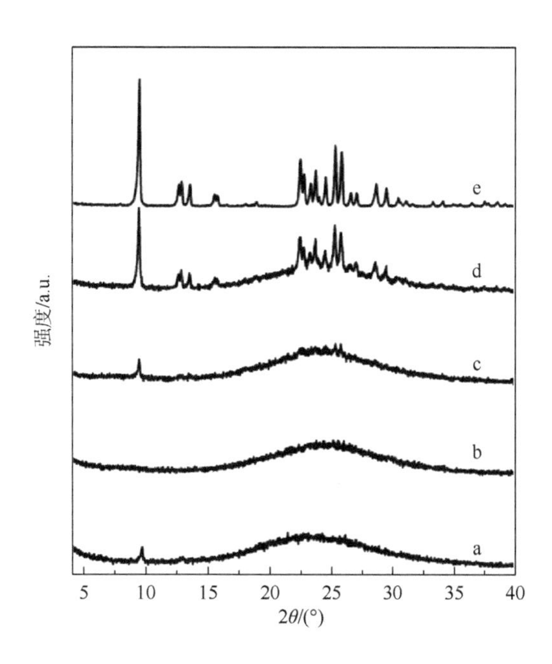

图 2.5　无有机模板剂合成高硅 FER 沸石分子筛在不同晶化时间的 XRD 谱图

a. 0 h；b. 12 h；c. 24 h；d. 36 h；e. 72 h

并得到小的次级结构单元。而当晶化时间达到 24 h 时，归属于 FER 沸石分子筛的衍射峰开始出现。进一步延长晶化时间至 72 h，即得到了纯相的 ZJM-2 沸石分子筛。相比之下，在不加晶种条件下得到的产物为无定形相，这个结果说明 RUB-37 晶种在分子筛合成过程中起了至关重要的作用。

为了更好地了解 RUB-37 晶种在合成过程中的作用，作者分别对在合成过程中加入和不加 RUB-37 晶种的晶化 12 h 后得到的样品进行了紫外拉曼(UV-Raman)光谱的表征。结果显示，在加入晶种的体系得到的样品中五元环的数量明显多于不加晶种得到的样品。五元环物种是由初始凝胶中加入的晶种溶解得到的，即 RUB-37 晶种在水热处理 12 h 后溶解成较小的结构单元，而这些也是构成 ZJM-2 沸石分子筛的结构单元，所以加入 RUB-37 晶种的凝胶可以诱导晶化成 ZJM-2 沸石分子筛，而不加晶种的体系中主要是四元环，通过长时间的晶化也没有 ZJM-2 沸石晶体的生成。用 RUB-37 晶种诱导 ZJM-2 沸石晶体合成的成功也提示我们，具有相似结构的沸石分子筛晶体材料之间完全可能相互诱导，一些即使用有机模板剂也难合成的分子筛或许可以通过加入具有相似结构的分子筛晶体作为诱导晶种而较容易地合成出来。

2.4　利用导向剂合成多级孔丝光沸石

丝光沸石(MOR)分子筛由于具有高的热稳定性、规则的孔道结构以及适当的酸性等特点，是石油化工领域应用最为广泛的分子筛之一。它被广泛地应用于多种工业催化反应中，如加氢裂化反应、重整反应、烷基化反应、脱蜡反应以及二甲胺的制备等[67-69]。MOR 分子筛具有二维的孔道结构，其中主孔道为 6.5 Å×7.0 Å 的十二元环孔道，而另一个侧面生长的孔道为扭曲的袋状孔，尺寸约为 2.6 Å×5.7 Å。由于其边侧的孔道尺寸过小，大部分反应物分子不能通过，因而 MOR 沸石分子筛通常被看作一类一维孔道的分子筛[5, 70-73]。作者在合成过程中加入了一种无机结构导向剂溶液，在无有机模板剂的条件下一步法合成多级孔 MOR 分子筛[74]。

图 2.6 为导向剂加入量为 1.38 mL 的 MOR-N 产品的 SEM 照片，显示产品为均匀的(10～15 μm)×(15～30 μm)×(2～7 μm)大小的盘状晶体。将产品的形貌进一步放大观察，可以看到这些盘状晶体都是由沿着 c 轴方向规则排列的纳米棒组成的。这些纳米棒大小均一、排列整齐，其中单个棒的直径为 80 nm 左右，纳米棒之间的空隙约为 100 nm。而且这些纳米棒阵列非常稳定，即使在超声条件下持续处理 1 h，产品形貌仍然能够较为完整地保持，这样的稳定性来源于纳米棒之间在盘状的底盘上的稳定连接。

(a)

(b)

图 2.6　导向剂加入量为 1.38 mL 的 MOR-N 产品的 SEM 照片

(a) 低倍放大；(b) 高倍放大

另外，加入导向剂溶液之后，MOR 沸石的晶化速度有了明显的提高，比较加入 1.38 mL 导向剂的 MOR-N 产品及普通 MOR-C 产品的生长曲线可以发现，MOR-C 晶化过程的诱导期为 48 h，而 MOR-N 的诱导期仅仅不到 20 h。诱导期包含了分子筛结构单元的形成及组装成晶核的过程。极有可能的是，导向剂溶液中含有大量的分子筛基本结构单元。当导向剂溶液加入整个生长体系中时，MOR 沸石分子筛的结构单元可以直接自组装，形成晶化所需要的晶核，因此很大程度上节省了诱导期所用的时间。但是，对于普通的丝光沸石生长体系，硅铝凝胶物种首先需要形成大量的结构单元，之后再进行结构单元之间的重排及组装，显然这个过程使分子筛的诱导期花费更多的时间。

为了更深入地理解导向剂溶液中对丝光沸石晶化起促进作用的活性组分的组成，作者首先对该溶液进行了动态光散射(DLS)实验。DLS 技术可以有效地表征液相中尺寸从几纳米到几百纳米范围内的小颗粒。然而，经过测试并未观察到导向剂溶液中有此范围的小颗粒物质存在。这一现象说明，在透明的导向剂溶液中应该只存在粒径更小的物种，如分子筛的环或者笼这样的基本结构单元。

导向剂溶液的紫外拉曼光谱表征结果(图 2.7)显示，在 441 cm^{-1} 处有明显的且宽度较窄的拉曼谱峰出现，该峰位归为 4MRs(四元环)的振动。该振动谱峰明显窄于 MOR-C 起始凝胶的四元环振动峰，说明与晶化的起始凝胶相比，导向剂溶液中含有更为丰富的 4MRs，这也能够合理解释加入导向剂溶液后 MOR 沸石生长加速的现象。加入导向剂溶液后，起始凝胶中有了更多的有利于成核的活性基本单元，因此成核速度明显加快，生长时间显著缩短。由于 MOR 沸石的晶化动力学对产品形貌有很大的影响，生长的加速会促进优势生长面(c 轴方向)更显著地生长。由于生长体系中含有的硅铝营养物质的量是一定的，因此这种快速生长优势导致了纳米棒组装的 MOR 沸石晶体的形成。显然，富含四元环的导向剂溶液在此起了关键的作用。这种纳米棒自组装的 MOR 沸石结构结合了纳米分子筛及微米分子筛各自的优势。纳米沸石具有较大的外比表面积，并且纳米棒之间的空隙对反应物的扩散有着积极的影响。同时，组装后的产品为微米级晶体，可以简单地通过过滤的方式将产品从浆液中分离。另外值得指出的是，这种阵列式的纳米棒组装可以应用于多种先进功能材料的制备。

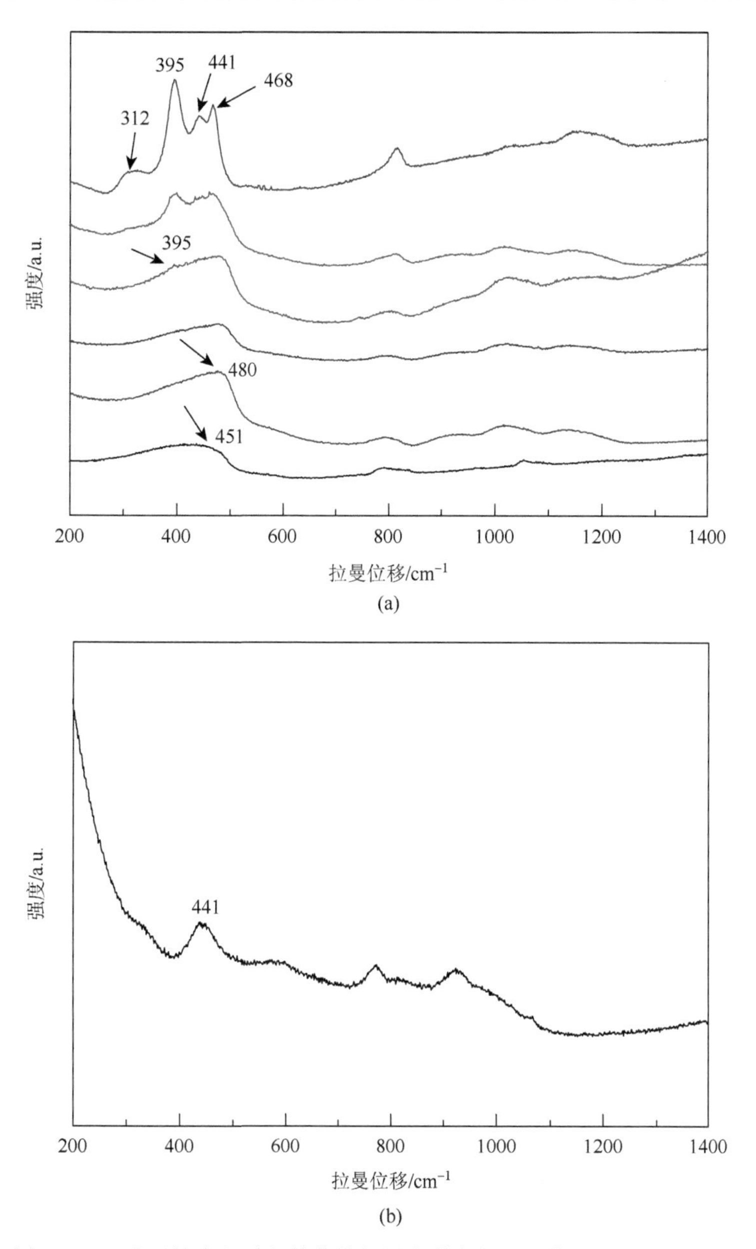

图 2.7　(a) MOR-C 分子筛生长过程的紫外拉曼光谱表征，从底部到顶端对应的生长时间分别为 0 h、24 h、36 h、48 h、72 h 及 96 h；(b) 导向剂溶液的紫外拉曼光谱图

2.5　小　　结

在本章中，作者详细讨论了两种常见的无有机模板剂合成分子筛的方法：

调节起始凝胶配比和导向剂溶液(晶种溶液)的使用。在调节起始凝胶配比的方法中，碱度、Si/Al 和晶化温度是核心影响因素；而在导向剂溶液的使用中，作者提出并且证实了分子筛的基本结构单元在结构导向中的核心作用。

需要指出的是晶种溶液和晶种之间的区别：晶种溶液主要是加入凝胶的晶种完全溶解形成的或者是合成某种分子筛的前驱体溶液；而晶种一般不溶解于起始凝胶，其在沸石晶化过程中的作用与沸石晶种溶液的作用完全不同，这将在第 3 章中具体展开。

第3章　无有机模板剂晶种法导向合成沸石分子筛

3.1　晶种的作用

沸石分子筛的晶化过程一般包括以下几个基本步骤：多硅酸盐与铝酸盐的再聚合、沸石的成核、核的生长、沸石晶体的生长及二次成核。以上成核过程是经典的自发成核晶化过程，也是微孔分子筛晶化的核心和速控步骤。另外，为了影响和控制成核，有机模板剂近年来被引入微孔沸石分子筛材料的合成中，其主要功能是诱导自发成核，而在随后的晶核生长和晶体生长过程中基本不起作用。

自发成核过程中晶化曲线呈 S 形。在晶化初期相当长的一段时间内，基本检测不出晶体的存在，称为诱导期；晶化开始后晶化速度逐渐加快，称为快速生长期；晶化后期晶化速度逐渐减慢，晶化曲线趋于平缓。在沸石合成凝胶中加入少量的晶种可以大大缩短晶化诱导期，从而实现快速合成沸石分子筛的目的。

在深入理解沸石晶种在晶化过程的作用后，作者提出了自发成核替代的理论和方法，即在起始凝胶中加入微量目标沸石分子筛的晶种，替代成本昂贵且污染环境的有机模板剂诱导自发成核过程，使沸石晶化过程直接进入晶核生长及沸石晶体生长阶段。同时晶种还可以起到加速沸石的生长、缩短晶化时间和抑制杂晶生长的作用。

3.2　晶种法无有机模板剂合成 Beta 沸石

作为最重要的催化材料之一的 Beta 沸石具有三维十二元环孔结构[4, 5, 75, 76]，被广泛地应用在石油精炼和精细化工中[77-80]。Beta 沸石的合成通常需要在有机模板剂如 TEAOH 的作用下实现[5]。作者的研究小组报道了以焙烧过的纳米 Beta 沸石作为晶种，在 140 ℃条件下晶化 18.5 h 成功地合成了高结晶度的 Beta 沸石分子筛(简称 Beta-SDS)[81]。XRD 谱图证实产品具有典型的 BEA 沸石结构和相对较高的结晶度；同时 SEM 照片也给出了 Beta-SDS 产品具有均一的尺寸，其晶粒大小为 100～160 nm。氮气吸附实验中相对压力在 $10^{-6}<p/p_0<0.01$ 之间也给出了典型的 Langmuir 吸附曲线，证明直接合成的 Beta-SDS 产品具有开放的孔道。

3.2.1　合成影响因素

在 Beta-SDS 合成过程中，较高的 Na_2O/SiO_2 会导致凝胶体系中 SiO_2 的过饱和度下降，使凝胶中的 Si/Al 降低，同时体系中大量的 Na^+ 会自发生成 GIS 晶核，进而形成 P 型沸石晶体，最终得到 Beta-SDS 与 P 型沸石的混晶。而过低的 Na_2O/SiO_2 会导致凝胶体系中 SiO_2 的过饱和度过高，合成体系中凝胶的组成处于 MOR 沸石的生长相区，导致丝光沸石自发成核，与 Beta-SDS 一起生长。H_2O/SiO_2 具有相似的影响。增加合成体系的 H_2O/SiO_2，会导致体系 pH 下降，凝胶中 SiO_2 过饱和度上升，进入 MOR 沸石生长相区，最终得到 MOR 与 BEA 的混相；降低 H_2O/SiO_2 会导致体系 pH 上升，大量的 NaOH 使得凝胶中 Si/Al 下降，最终生长出 P 型沸石杂晶。合成温度超过 140 ℃时，MOR 和 GIS 的成核速度相对较快，产物不宜控制。例如，180 ℃时晶化 3 天基本全部得到丝光沸石。即使在 140 ℃晶化，当晶化时间超过 19 h 时，体系中就会产生 MOR 沸石杂相，而时间超过 23 h 时，很容易出现 GIS 杂相。

在不加入晶种的相同合成条件下，19 h 后所得到的依然是无定形产品。晶种的使用量对合成也有一定的影响(图 3.1)。晶种使用量在 2.8%～10.3%之间，Beta-SDS 的结晶度呈线性增加；而晶种量从 10.3%增加到 16.1%，Beta-SDS 的结晶度不再改变，但是出现 MOR 杂晶。将该曲线反向延长，则曲线通过原点，说明在合成体系中如果不以 Beta 沸石晶种做引发剂，则不能合成出 Beta 沸石产品，符合非自发成核生长过程的特性。

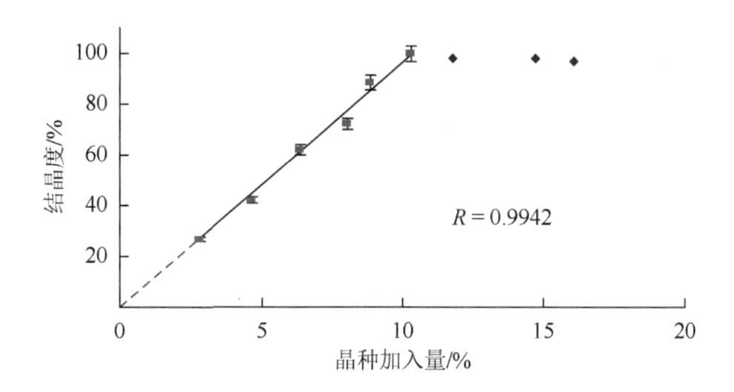

图 3.1　产品结晶度与晶种加入量(2.8%～16.1%)的关系

作者使用 XRD、SEM 和透射电子显微镜(TEM)分析了 Beta-SDS 在 140 ℃的生长历程。在 2 h 左右时，XRD 可以检测出 Beta 沸石的存在，而 SEM 照片上却是大面积的无定形状态，说明 Beta 沸石应该被包裹于无定形相中，TEM 照片也可以证实这一点。随着晶化时间达到 10 h，Beta-SDS 从无定形相中生长出来；当晶化时间为 15 h 时，大部分无定形相已经转化成了 Beta-SDS；当晶化时间达到 18.5 h 时，全部无定形相转变成了 Beta-SDS 晶体。当晶化时间为 21 h 时，有少量棒状 MOR 沸石生长出来；延长晶化时间到 60 h 时，MOR 相越来越多；当晶化时间达到 10 天时，粒状 Beta-SDS 晶体都转晶变为棒状 MOR 沸石。

3.2.2　生长机理

作者使用高分辨率透射电镜(HRTEM)技术分析了整个 Beta-SDS 的生长过程(图 3.2)。在反应时间为 1 h 时，Beta 晶种被包覆在无定形凝胶相中，白色圆圈中给出了很好的 Beta 沸石晶格相，其尺寸约为 25 nm，与所加入的 Beta 晶种(约为 80 nm)相差很大。这说明 Beta 晶种发生了部分溶解或在碱液中发生了部分碎裂。当反应时间达到 4 h 时，HRTEM 照片显示，产品中主要为无定形凝胶相。在该无定形凝胶相中可以找到已经开始晶化的 Beta 晶体。局部放大后可以发现这块 Beta 沸石有两种颜色，一种为深色(椭球状部分)，另一种即其外面颜色较浅(规则的长方体部分)。在透射电镜照片中，颜色衬度的不同说明物质所含成分的不同。颜色较深说明含重元素较多，颜色较浅说明含轻元素较多。作者选择了①、②、③三个位置进行 EDS 元素分析，结果给出 Si/Al 分别为 13.5、

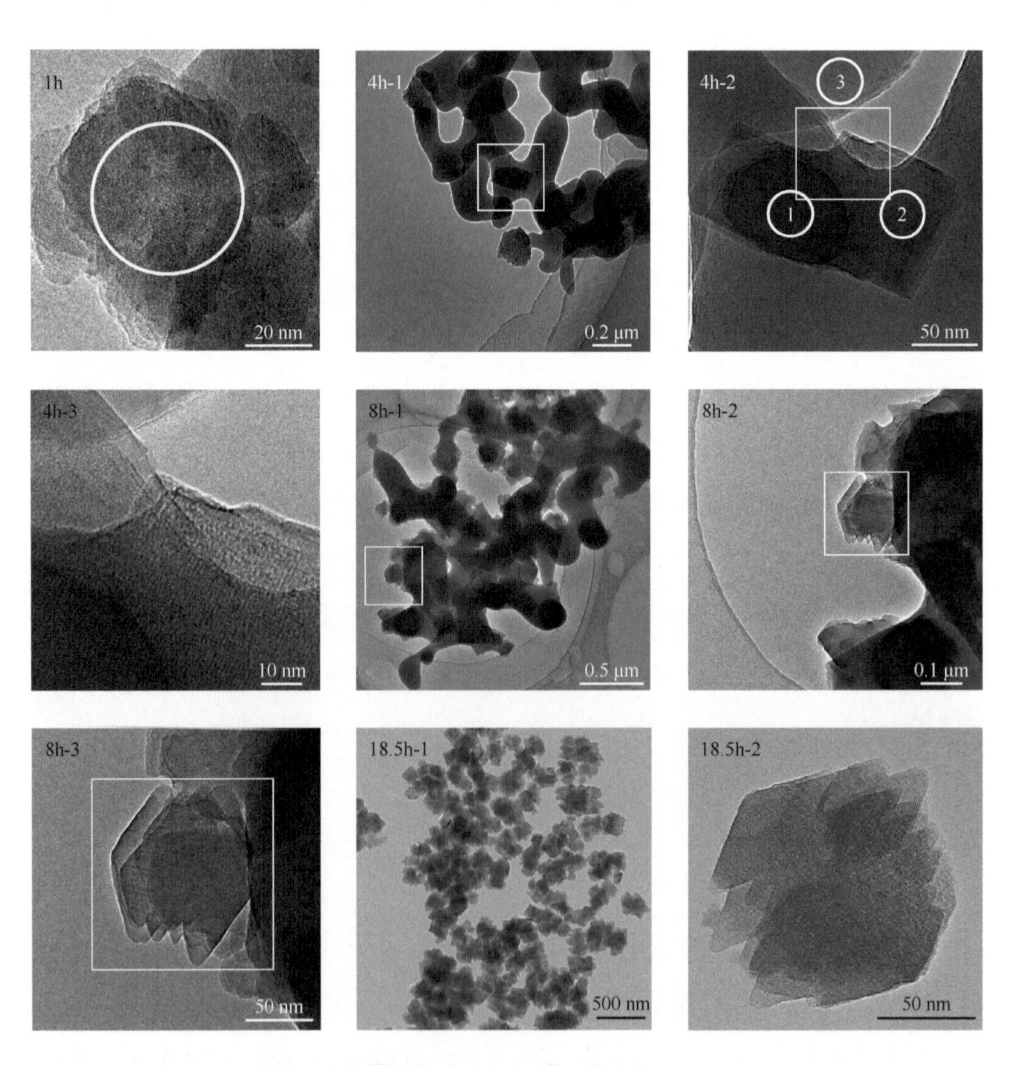

图 3.2　晶种法无有机模板剂合成 Beta 沸石的晶化过程的 HRTEM 照片

5.3 和 5.3。而 Beta 晶种的硅铝比为 10.24，与核心部分 13.5 相比非常接近。另外，图中黑色椭球状物质的尺寸为 50～60 nm，与 Beta 晶种大小非常接近；而其外围后生长②部分，Si/Al 仅为 5.3，与周围无定形相③部分的 Si/Al 为 5.3 的结果相同，说明其后生长部分是由无定形相生长而来的。而整个晶体大小约为 100 nm。由于 EDS 分析为半定量检测法，反映了样品 Si/Al 的一个趋势，若①部分数值偏高，外围生长②部分和无定形相③部分也会偏高。这为定性 Beta-SDS 的生长过程为“核-壳”生长机理奠定了坚实的基础。继续对白色方块区域进行放大，可以清晰地看到 Beta-SDS 的“核-壳”结构：颜色较深的核被颜色相对较浅的壳覆盖。而它们周围就是颜色相对接近的无定形凝胶相。为了确认 Beta-SDS 的“核-壳”生长机理，又对晶化 8 h 的样品做了 HRTEM 表征，图中大部分为凝胶区域，但与 4 h 的样品相比，晶体数量已经大大增加。作者对白色方块位置已经晶化得很好的一处晶体进行了逐步放大，可以比较清楚地看到在棱角分明的 Beta-SDS 晶体中，也同样包含着一个颜色较深且为椭球状的黑色区域；这个黑色的部分也处于浅色“壳”层的内部，清晰的 Beta-SDS 孔道走向就可以证实这一点。当时间达到 18.5 h 时，全部无定形凝胶相晶化生成了 Beta-SDS 晶体，而且可以看到各个单晶是由若干个 25～50 nm 的小单晶组成的，它们彼此共生在一起，而其中依然含有这种颜色较深、类似球状的部分。

为了确切地证实 Beta-SDS 为“核-壳”生长机理，作者又使用 SEM 和 EDX 线扫描技术对 Beta-SDS 单晶做了硅铝分布测试。可以看到，一个 Beta-SDS 单晶的大小为 300～500 nm，而且分别沿不同方向做了 EDX 能谱分析，结果显示，Al 元素信号基本呈现“一”字分布，说明含量变化不明显，而 Si 元素却呈现出中间高、两边低的态势，说明晶体中含有一个硅铝比较高的核心。

作者对样品做了压片处理，将其粘在 XPS 测试仪的靶台上，使用 XPS 能谱配合氩离子刻蚀技术分析了被压成薄片的 Beta-SDS 样品。在没有被刻蚀之前，XPS 给出的 Si/Al 的结果为 4.17，说明 Beta-SDS 的“壳”部分的 Si/Al 为 4.17；随后用氩离子刻蚀薄片约 5 min，刻蚀深度约为 70 nm，此时所给出的

Si/Al 的结果为 4.37，略微升高，说明可能 Beta-SDS 样品已经裸露出了其“核”的部分；之后又对该薄片刻蚀了 5 min，此时刻蚀深度达到 140～150 nm(而刻蚀深度达到 300～500 nm 时，基本已经达到其核心的位置)，Si/Al 的结果为 5.90；后来又对该薄片进行了一次刻蚀，此时刻蚀深度为 210～220 nm，Si/Al 的结果为 5.42，比上一刻蚀结果略低，说明刻蚀深度超过了大部分“核”所在的位置，重新到达了“壳”相对较多的位置。因此，总体结果也呈现抛物线形式。根据 HRTEM 所直接观察到的结果，以及 SEM 配合 EDX，XPS 配合氩离子刻蚀技术，作者提出 Beta-SDS 的生长机理为“核-壳”生长机理：水热合成开始前，Beta 晶种基本保持不溶解的状态；当反应进行 2 h 左右时，Beta 晶种发生了部分溶解或碎裂，且被无定形凝胶包裹；当反应时间达到 4～8 h 时，凝胶已经开始生长出具有“核-壳”结构的 Beta-SDS 晶相；当反应时间达到 15 h 时，大部分凝胶已经转化为 Beta-SDS 沸石，当反应时间达到 18.5～19 h 时，全部无定形相转变成了 Beta-SDS 晶相。

需要指出的是，由于合成在无机碱液条件下进行，为了达到反应所需要的 pH，需要引入大量的 Na^+。由于硅氧四面体不带电荷，而铝氧四面体会形成一个负电中心，过多的 Na^+在反应体系中需要更多的铝氧四面体来平衡，因此形成了富铝的 Beta-SDS 沸石。作者使用阿伦尼乌斯经验公式对 Beta-SDS 的反应活化能进行了计算，发现当合成产品的硅铝比为 5.4 时，反应的表观活化能为 66.51 kJ/mol；而当产品的硅铝比为 7.2 时，表观活化能为 85.91 kJ/mol。这说明当合成的产品富铝时，所需要的生长能量低，而能量低的物种会优先达到生长条件。

3.2.3　降低 Beta 晶种使用量和晶化温度

由于在 180 ℃晶化时，产品为大量 MOR 混相，因此作者尝试在较低温度下合成 Beta-SDS。在 120 ℃晶化 58～120 h，也可以成功地制备 Beta-SDS，而且晶种使用量由 8.9%下降到了 1.4%。XRD 谱图显示在 120 ℃晶化制备的 Beta-SDS$_{120}$ 具有更高的结晶度。SEM 照片(图 3.3)显示使用不同晶种量合成 Beta-SDS 时，其晶体大小也不相同。这是由于在保持反应产品的产率不变的情况下，使用越少的晶种量进行合成，所获得的 Beta-SDS 晶体就越大。

(a)　(b)　(c)　(d)

图 3.3　使用不同晶种量无有机模板剂合成 Beta 沸石的 SEM 照片

(a) 1.4%；(b) 2.8%；(c) 4.6%；(d) 8.7%

同时，作者也使用 XRD 技术仔细检测了晶种使用量为 1.4%的条件下在 120 ℃晶化制备 Beta-SDS$_{120}$ 的全过程，并根据 XRD 谱图结果得到了 Beta-SDS$_{120}$ 类似 S 形的晶化动力学曲线。在 40 h 以前，Beta-SDS$_{120}$ 处于类似成核期的过程；而 48～96 h，该曲线所在任一点的斜率都非常大，说明此时为 Beta-SDS 的快速生长期；当时间达到 96～120 h 时，Beta-SDS$_{120}$ 的相对结晶度基本保持不变，说明 Beta-SDS$_{120}$ 已经晶化完全。当时间达到 132 h 时，有少量 MOR 杂晶生长出来，导致晶相不纯。

3.2.4 高质量的 Beta-SDS

需要指出的是，Beta-SDS 为富铝 Beta 沸石(Si/Al=4.5～5.5)，而在工业生产中，富铝高硅沸石的水热稳定性相对较差。那么 Beta-SDS(Si/Al=5.4)稳定性又如何呢？作者分别对其做了氮气吸附、热失重、^{29}Si NMR 及 ^{27}Al NMR 表征。氮气吸附结果显示 Beta-SDS$_{120}$ 具有较高的比表面积(721 m^2/g)，其中微孔比表面积为 632 m^2/g；而常规使用 TEAOH 合成的 Beta-TEA(比表面积为 659 m^2/g)的微孔比表面积仅有 452 m^2/g。这主要是因为使用 TEAOH 作为模板剂合成的 Beta-TEA 多为纳米粒子，这样就造成了其有约 200 m^2/g 的外比表面积，并且 Beta-TEA 必须高温焙烧后才能使其孔道完全打开，而在焙烧的过程中，其结晶度会损失 25%～30%，这样就造成了其微孔比表面积大大下降。而 Beta-SDS$_{120}$ 晶体较大，且孔道不用焙烧就是开放的，因此具有非常小的外比表面积和较大的微孔比表面积。

^{29}Si NMR 和热失重分析结果显示 Beta-SDS$_{120}$ 具有较少的缺陷和较高的结晶度。而 ^{27}Al NMR 分析结果显示 Beta-SDS 无论是否焙烧过，都给出了很好的骨架铝信号，展现了很好的铝的热稳定性(图 3.4)。使用 TEAOH 合成的常规 Beta-TEA，550 ℃焙烧前 Al 的峰位出现在 54 ppm 处，无非骨架铝存在；而在焙烧后，该峰发生了位移，主峰出现在 57 ppm 处，而 0 ppm 处出现了非骨架铝的峰，说明使用有机模板剂 TEAOH 合成的 Beta-TEA 结构中铝的热稳定性不是很好。

由上面所示的结果可以看出，在无有机模板剂条件下合成的 Beta-SDS$_{120}$ 产品具有相对较高的结晶度和比表面积、完美的晶形、较少的缺陷以及非常好的骨架铝的热稳定性。这些结果都证实了 Beta-SDS$_{120}$ 是高质量的 Beta 沸石产品。

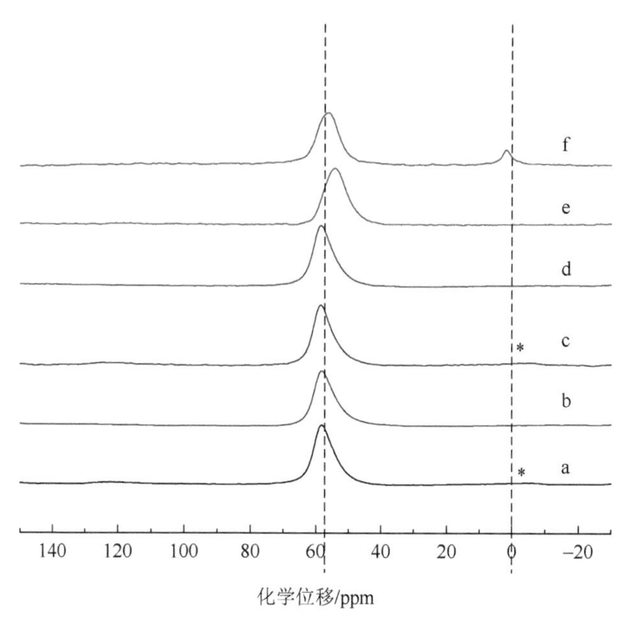

图 3.4　晶种法无有机模板剂合成的 Beta 沸石和常规使用 TEAOH 为模板剂合成的 Beta 沸石在焙烧前后的 ^{27}Al NMR 谱图

a. Beta-SDS_{140}；b. Beta-SDS_{140}-Cal.；c. Beta-SDS_{120}；d. Beta-SDS_{120}-Cal.；e. Beta-TEA；f. Beta-TEA-Cal.

图中*处信号是核磁的旋转连带信号

3.2.5　催化性能的初步研究

作者对工业 Y 型沸石、工业 Beta 沸石以及 Beta-SDS 进行了异丙苯裂化反应测试。工业 Y 型沸石起始转化率为 74.4%，工业 Beta 沸石的转化率为 91.4%，而 Beta-SDS 的转化率为 100%。这是由于，Beta-SDS 与工业 Y 型沸石相比，具有更高的硅铝比，其酸性较强，因此转化率比较高；而与工业 Beta 沸石相比，Beta-SDS 除满足酸性较强，可以催化裂化的基本条件外，还因其硅铝比较低，具有更多酸催化活性中心，所以转化率好于传统工业 Beta 沸石。当进样次数达到 15 次时，样品均表现出了失活状态，此时工业 Y 型沸石的转化率为 67.4%，Beta-SDS 的转化率仍然可以高达 89.7%，而工业 Beta 沸石的转化率仅为 75.4%。这是由于随着反应次数的增加，样品中都有了很多的炭沉积，积炭造成催化活性中心被覆盖，导致催化材料的催化活性下降。由于工业 Y 型沸石具有最低的硅铝比，酸催化活性中心最多，因此在积炭量相似的情况下，仍然保持了较好的催化活性；而工业 Beta 沸石则因硅铝比最高，酸催化活性中心最少，大幅度失活；作为硅铝比居中的 Beta-SDS，由于其酸性较强，酸量较大，因此依然保持了较高的催化活性。这些结果表明 Beta-SDS 是一种具有潜在应用价值的高效的催化材料。

3.2.6 杂原子的引入

杂原子，如 Fe，也可以在无有机模板剂的条件下被引入 Beta 沸石的骨架中[82]。当起始凝胶中加入少量的 Fe(Si/Fe=150)时，产物为具有高结晶度的纯相 Beta 沸石。当初始凝胶中铁的含量增加，投料 Si/Fe 降低到 100 甚至 66 时，Beta 沸石的结晶度逐渐降低，且产物中已经出现极少量的 MOR 沸石混相。这是因为当向合成体系中引入少量的 Fe^{3+}后不会影响产物的晶化过程，依然能够得到高结晶度的纯相 Beta 沸石。而当引入的铁含量增加时，由于 Fe—O 键长与 Al—O 和 Si—O 键长相差较大，较多的铁不能顺利进入 Beta 沸石骨架，进而影响了整个晶化过程，所以达到一定时间后，凝胶中未被消耗的硅铝物种开始自发形成 MOR 沸石晶核，导致最后产物中含有 MOR 沸石混相。产物的 Si/Al 和 Si/Fe 经 ICP 分析分别为 4.9 和 50，说明 Fe 存在于最后的产物中。虽然 Si/Al 仅为 4.9，但 ^{27}Al NMR 谱图上只有一个位于 56 ppm 处的强共振峰，在 0 ppm 位置没有共振峰，说明所有的铝都是四配位的骨架铝，不存在骨架外六配位的铝物种。N_2 吸附等温线是典型的 I 型吸附曲线，BET 比表面积为 610 m^2/g，其中微孔比表面积为 518 m^2/g，微孔孔体积为 0.24 cm^3/g。SEM 照片显示晶体的粒子尺寸分布不是很均一，从 100 nm 变化到 500 nm，较大的 Fe-Beta 粒子具有同硅铝 Beta 沸石相似的双锥形貌。但是可以看出 Fe-Beta 粒子的外表面没有无定形物质存在，与 XRD 检测到的高结晶度、纯相的 Beta 沸石的结果一致。

紫外可见光谱图显示样品在 241 nm 波长处存在一个强吸收峰，此峰可以归属为配体到金属的电荷转移跃迁引起的吸收峰，即分子筛晶格中孤立的四配位铁物种$[FeO_4]^-$中氧配体到铁中心的 $t_1 \rightarrow t_2$ 和 $t_1 \rightarrow e$ 的电荷转移的吸收峰[83]。大于 320 nm 波长处没有明显的吸收峰说明产物中不存在寡聚的铁簇和氧化铁物种[84]。另外，放大的谱图中给出了位于 376 nm、417 nm 和 448 nm 波长处的很弱的吸收峰，归属于自旋禁止的 d-d 跃迁的吸收峰，这些峰的出现可以进一步证明铁物种进入了沸石分子筛的骨架[85]。

将 N_2O 的直接催化分解反应作为模型反应测试 Fe-Beta-SDS 样品的催化活性。当温度大于 420 ℃时，N_2O 的转化率随着温度的升高而迅速增加。由于骨架外铁物种的存在，H-Fe-Beta-SDS 沸石也具有较好的催化活性：N_2O 开始分解的温度为 330 ℃，达到 50%转化率的温度为 470 ℃，完全分解的温度为 530 ℃。

3.3　晶种法无有机模板剂合成 MTT 结构沸石

ZSM-23 一种一维中等孔径的高硅沸石，具有 MTT 拓扑结构，此结构中包含五元环、六元环和十元环，其中十元环是一维互不交连的孔道，十元环的孔道大小为 0.45 nm×0.52 nm，比 ZSM-5 略小。ZSM-23 由于具有特殊的孔道结构和强的表面酸性，广泛地用于丁烯的异构化、二甲苯异构化和甲醇制汽油(MTG)反应，尤其是在丁烯异构化反应中，它表现出很高的催化活性与产物选择性，同时在催化 C_4 烯烃裂解制乙烯及丙烯的反应中也表现出极好的性能[86-94]。自从合成出 ZSM-23 沸石分子筛以来，人们尝试用许多其他有机模板剂合成出了 ZSM-23，如异丙胺、二甲胺、DMF、Diquat-7 等。作者近几年还尝试了使用晶种法无有机模板剂合成 MTT 结构沸石，并将其命名为 ZJM-6[95]。

3.3.1　产品表征与合成影响因素

ZJM-6 沸石的 XRD 谱图给出了一系列与 MTT 结构沸石相符合的特征峰

[图 3.5(A)]。SEM 照片显示了均匀的棒状晶体形貌，长度为 1～2 μm，直径为 100 nm 左右 [图 3.5(B)]。ZJM-6 沸石的氩气吸附曲线为典型的 Langmuir 吸附等温线，在相对压力为 $10^{-6} < p/p_0 < 0.01$ 范围内，此曲线强度急速增加，这是由于 ZJM-6 沸石的微孔被氩气填充。值得注意的是，此吸附图的吸附和脱附曲线并没有闭合，这可能归因于一维 MTT 结构沸石的扩散限制；相对应的 ZJM-6 沸石的 BET 比表面积和微孔孔体积分别为 117 m^2/g 和 0.046 cm^3/g，可以看到其微孔孔体积较小，这可能归因于晶体的结构缺陷导致孔道堵塞[94]。固体 ^{27}Al NMR 谱图在 56 ppm 处给出了单一的谱峰，归属于在骨架中的四配位铝物种。ICP 测试给出了 ZJM-6 沸石的 Si/Al 为 20，比传统合成的 MTT 结构沸石低，这意味着 ZJM-6 沸石具有更多的铝位点，有利于产生更多的酸性中心。

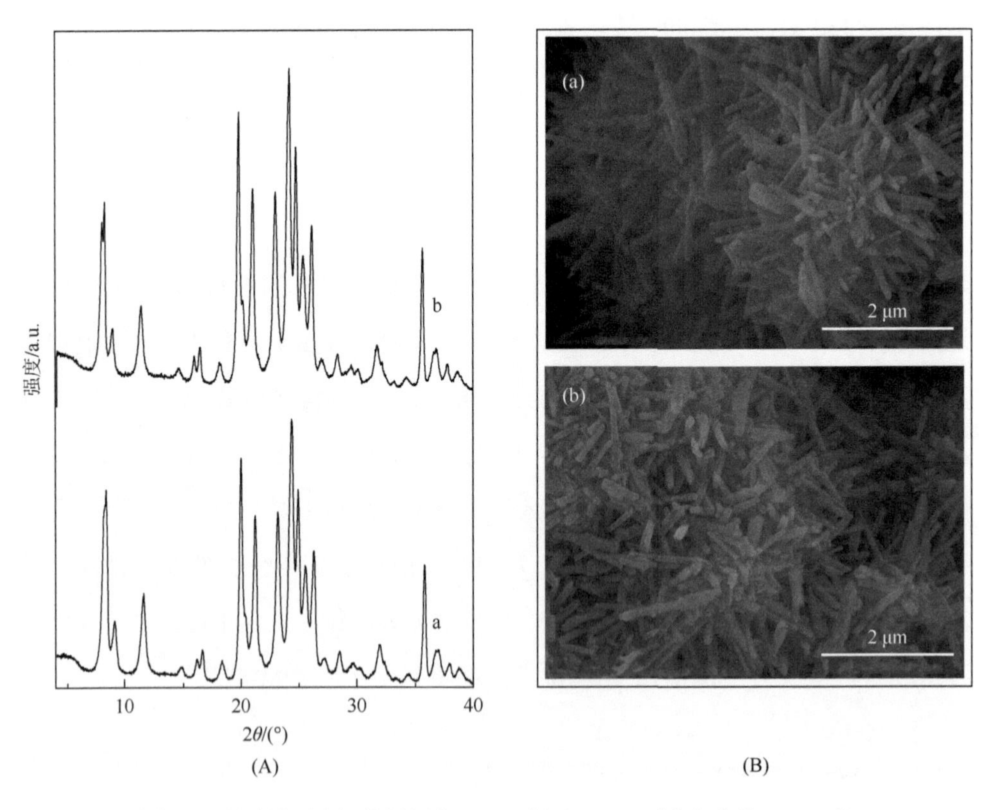

图 3.5 晶种法无有机模板剂在 160 ℃(a)和 170 ℃(b)合成的 ZJM-6 的 XRD 谱图(A)和 SEM 照片(B)

作者随后系统地研究了各种合成条件的影响(表 3.1)。如果在初始合成体系中未加入 MTT 结构的沸石晶种，得到的产品是无定形的，这意味着 MTT 结构的沸石晶种在合成ZJM-6沸石中起了重要的作用，当少许晶种(1%)加入体系中时，得到的产品为 ZJM-6 沸石，但是具有大量无定形相，增加晶种量至 5%时得到 ZJM-6 沸石和少许无定形相，当加入晶种量为 10%时，则得到高结晶度的 ZJM-6 沸石；在合成 ZJM-6 沸石的过程中 SiO_2/Na_2O 为 3.50～3.89 是适当的，当 SiO_2/Na_2O 低于 3.50 时，会有 MOR 产生，当 SiO_2/Na_2O 高于 3.89 时，就会有无定形相出现；另外在初始合成凝胶中，当 SiO_2/Al_2O_3 为 100～150 时得到的产品是纯的高结晶度的 ZJM-6 沸石，过高的 SiO_2/Al_2O_3(200)会导致白硅石的产生，过低的 SiO_2/Al_2O_3(80)会使产品晶化不完全，有无定形相存在；初始配比中 H_2O/SiO_2 的最佳范围为 30～35，如果水量减少，产物中有 MOR 的混相，如果加入过多的水，会导致无定形相的产生。此外，动态合成在整个合成过程中起了非常重要的作用，如果晶化在静态条件下进行，当产品完全晶化时，会产生少量 ZSM-5 沸石杂相。

表 3.1　使用晶种法合成 ZJM-6 体系中合成条件对产物的影响

实验序号 [a]	晶种量 [c]/%	SiO_2/Na_2O	SiO_2/Al_2O_3	H_2O/SiO_2	产物 [d]
1	0	3.69	120	35	无定形相
2	1	3.69	120	35	无定形相 + ZJM-6
3	2	3.69	120	35	无定形相 + ZJM-6
4	5	3.69	120	35	ZJM-6 + 无定形相
5	10	3.69	120	35	ZJM-6
6	10	3.33	120	35	ZJM-6 + MOR
7	10	3.50	120	35	ZJM-6
8	10	3.89	120	35	ZJM-6
9	10	4.12	120	35	ZJM-6 + 无定形相
10	10	3.69	80	35	MTT + 无定形相
11	10	3.69	100	35	ZJM-6

续表

实验序号 [a]	晶种量 [c]/%	SiO_2/Na_2O	SiO_2/Al_2O_3	H_2O/SiO_2	产物 [d]
12	10	3.69	150	35	ZJM-6
13	10	3.69	200	35	ZJM-6 + 白硅石
14	10	3.69	120	25	ZJM-6 + MOR
15	10	3.69	120	30	ZJM-6
16	10	3.69	120	40	ZJM-6 + 无定形相
17 [b]	10	3.69	120	35	ZJM-6 + 无定形相
18 [b]	10	3.69	120	35	ZJM-6 + ZSM-5

a 代表实验序号 1～16，旋转条件下晶化(转速 30 r/min) 10 h(实验 18 晶化 15 h)；b 静态晶化；c 晶种与硅源的质量比；d 前一个晶相为主要产物。

3.3.2 晶化过程

Bein 等详细地研究了传统 MTT 结构沸石水热合成条件[94]，发现动态合成和加入晶种能够增加其晶化速度，然而，即使在 180 ℃加入 10%晶种的条件下，动态合成 MTT 结构沸石仍然需要 43 h。而作者使用晶种法在无有机模板剂的条件合成 MTT 结构沸石要快得多。

作者使用 XRD 和 SEM 研究了 ZJM-6 沸石在 170 ℃时的晶化过程。在晶化之前，产品给出了弱的关于 MTT 结构沸石的特征峰，这个结果表明 MTT 晶种在强碱性介质中能够稳定存在。晶化 0.5 h 后，产品的峰强度变大，与此同时，在产品中棒状的晶体开始出现，这意味着 ZJM-6 沸石开始生成。晶化时间从 1 h 增加到 4 h，XRD 的峰强度继续增大，更多的 ZJM-6 晶体通过 SEM 被观察到。在晶化 5 h 之后，得到了高结晶度的 ZJM-6 沸石。继续增加晶化时间至 8 h，就出现了杂相白硅石。为了进一步说明问题，作者系统地研究了 ZJM-6 沸石、有机模板剂存在条件下合成的 MTT 结构沸石以及有机模板和晶种共同存在条件下合成的 MTT 结构沸石在 150～170 ℃下的晶化过程，并总结出其结晶度随晶化时间的变化曲线(图 3.6)。

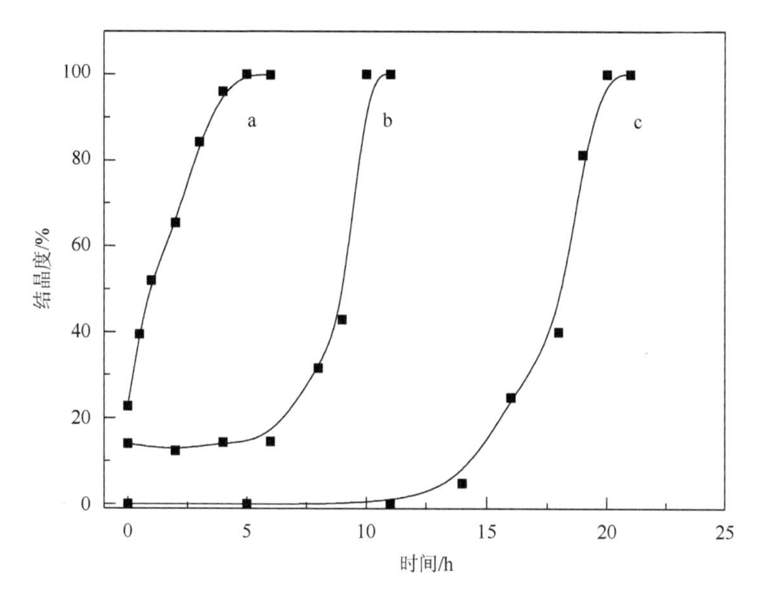

图 3.6　在 170 ℃下不同方法合成的 MTT 结构沸石的晶化曲线

a. ZJM-6；b. 同时使用晶种和模板剂 DMF 合成的 MTT；c.只使用模板剂 DMF 合成的 MTT

通常情况下，沸石的水热合成包括诱导期和晶化期，然而在 ZJM-6 沸石晶化的过程中几乎没有诱导期，而在 DMF 存在下的 MTT 结构沸石的合成诱导期很长，需要 12～34 h，即使再加入晶种仍然需要 6～15 h 的诱导期。在合成体系中有机模板剂 DMF 与硅物种发生作用形成了沸石晶核，由于生成沸石晶核需要时间，所以晶化时间变得很长。有意思的是，在相同合成条件下，这三类产品有几乎相同的晶化期，但是它们的诱导期却大不相同。这些结果表明晶化 MTT 结构沸石的决速步骤是诱导期，诱导期短就是无有机模板剂晶种法合成 MTT 结构沸石时间较短的主要原因。

3.3.3　酸性和催化性能

ZJM-6 沸石及有机模板剂存在条件下合成的具有不同硅铝比的 MTT 结构沸石的 NH_3-TPD（程序升温脱附）图都给出两个峰，峰位置在 230 ℃和 450 ℃左右，这分别归属于弱酸和强酸位点。ZJM-6 沸石的弱酸和强酸位点分别为

0.76 mmol/g 和 0.74 mmol/g，而硅铝比为 62 的 MTT 结构沸石的弱酸和强酸位点分别为 0.27 mmol/g 和 0.31 mmol/g。显然，ZJM-6 沸石拥有更多的酸性中心，这将有利于间二甲苯的异构化催化反应。

以间二甲苯异构化催化反应作为模型反应来测试 ZSM-5 沸石(Si/Al=19)、ZJM-6 沸石(Si/Al=20)和 MTT 结构沸石(Si/Al=32 和 62)这四种催化剂的催化活性。在反应温度 400 ℃条件下 ZSM-5 沸石给出了间二甲苯稳定的转化率(47.1%～48.1%)，但是选择性很低，仅为 47.7%～49.4%。ZJM-6 沸石和 MTT 结构沸石显示了非常高的对间二甲苯的选择性，都在 86.0%左右，但是 ZJM-6 的活性很低，仅为 4.1%～10.4%。这些结果归因于 MTT 结构的沸石和 MFI 结构的沸石结构的差异性。有意思的是，ZJM-6 沸石的转化率为 10.4%，而对应的 MTT 结构沸石的转化率只有 4.1%～9.4%，考虑到 ZJM-6 沸石和 MTT 结构沸石相同的结构和晶体粒子大小，优异的活性显然归因于 ZJM-6 沸石骨架含有更多的铝物种。

为了比较这些催化剂在相同转化率下的选择性，将 ZSM-5 沸石的间二甲苯异构化催化反应的反应温度降低至 220 ℃，此时它给出了 9.2%的转化率，与 ZJM-6 沸石相一致，而此时 ZSM-5 沸石的选择性为 80.3%，还是比 ZJM-6 沸石低(85.7%)，这些结果确认了 ZJM-6 沸石具有比 ZSM-5 沸石更好的间二甲苯异构化性能。

3.4　晶种法无有机模板剂合成 LEV 沸石

作为一种典型的小孔沸石，LEV 沸石［插晶菱沸石(levyne)］具有相对较小的孔口(3.6 Å×4.8 Å)和较低的骨架密度(15.2 T/1000 $Å^3$)，虽然只有八元环，但其理论微孔孔体积可以达到 0.3 cm^3/g[5]。与 CHA 沸石相似的是，LEV 沸石也具有较大的分子筛笼。早在 1825 年，人们便在自然界中首次发现了 LEV 沸石，其晶体组成为 $Ca_9(Al_{18}Si_{36}O_{108})\cdot 50H_2O$[96]。直到 1969 年，第一个人工合成的 LEV 型沸石 ZK-20 才被报道[97]。合成中使用的有机模板剂 1-甲基-1-氮-4-氮杂双环辛烷(1-methyl-1-azonia-4-azabicyclo[2.2.2]octane)阳离子结构复杂，且价格非常昂贵。随后，人们使用氮甲基奎宁阳离子(*N*-methylquinuclidinium-cation)作为模板剂合成了其他由硅铝组成的 LEV 型沸石，如 Nu-3[98]、LZ-132[99]。二乙基二甲基氢氧化铵[100]、(*N,N*-二-二甲基戊烷二烯丙基铵)(*N, N*-bis-dimethylpentanediyldiammonium)[101]、氯化二甲基哌啶[102]和氢氧化胆碱模板剂[103]等也都被用来合成 LEV 型硅铝沸石。环庚三烯酮氢氧化物[104]、奎宁环[105]以及 2-甲基环己胺[106]等有机模板剂可以合成由磷铝组成的 LEV 型沸石，使用 3-氮杂双环[3.2.2]壬烷(3-azabicyclo[3.2.2]nonane)和奎宁环为共模板剂合成了掺杂的 LEV 型沸石[107]。但是上述合成中使用的有机模板剂的结构都比较复杂，且价格也比较昂贵，很大程度上限制了 LEV 型沸石的发展。作者在无有机模板剂存在条件下以 RUB-50 为晶种，在少量醇的辅助下成功地合成了 LEV 型沸石分子筛[108]。

3.4.1　晶化过程

为了能够详细了解合成过程中产物的变化，作者对晶化不同时间的产物进行了 XRD 表征(图 3.7)。未晶化的凝胶大部分是无定形的，但是给出了一系列较弱的 XRD 谱峰，主峰位于 22.20°，与晶种 RUB-50 的衍射峰一致，说明水热反应前晶种没有发生溶解，完好地保留在凝胶体系中。随着晶化时间的延长，产品的结晶度不断提高。当晶化时间达到 36 h 时，产物的结晶度为 41%，而且 XRD 主峰位置向前移动到 21.98°，说明该产品相对于加入的晶种而言，骨架富铝。随着晶化时间从 36 h 延长到 48 h，产物的 XRD 峰强度明显提高，结晶度由 41%提高到 93.2%，主峰的位置继续前移，只是移动的幅度非常小。继续延长晶化时间至 72 h，LEV-SDS 的 XRD 峰强度和位置都只发生了微小的变化，进一步延长晶化时间到 96 h 时，产物的 XRD 谱峰强度不再提高，说明 72 h 为产物完全晶化需要的时间，产品的结晶度为 100%。整个过程没有结晶度降低或无定形产物出现，说明晶种在水热合成过程中没有发生溶解，产物硅铝比经 ICP 分析为 4.06，是铝含量非常高的 LEV 沸石。

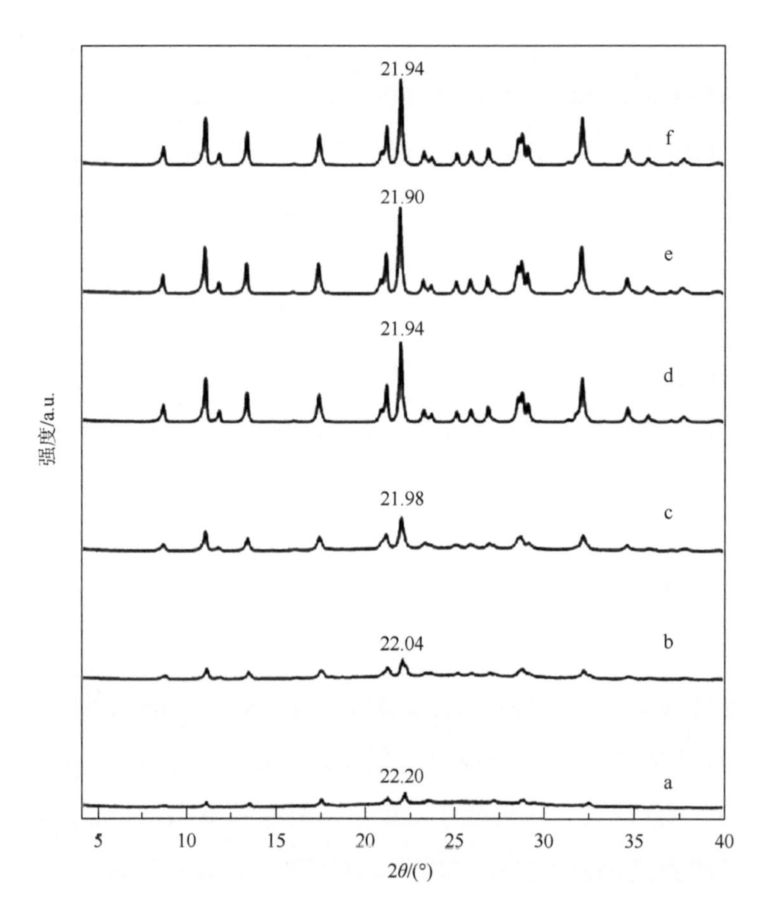

图 3.7　晶种法合成 LEV 沸石在不同晶化时间的 XRD 谱图

a. 0 h；b. 24 h；c. 36 h；d. 48 h；e. 72 h；f. 96 h

如果合成中不加入 RUB-50 晶种，硅铝凝胶即使晶化 120 h，产物依然为无定形相，证实晶种的加入对 LEV-SDS 沸石的晶化起到了至关重要的结构导向作用。而且以第一次合成的 Na-LEV-SDS 沸石产物作为晶种，进行下一轮合成，依然能够得到高结晶度的 LEV-SDS 沸石(Na-LEV-SDS-2nd)，其晶体尺寸比第一次合成的产品还要大，进一步证明了在上一节提出的晶种外延生长结论。

^{27}Al MAS NMR 谱图上只有一个属于四配位骨架铝的位于 56 ppm 的共振峰，0 ppm 处没有任何谱峰，说明样品中不存在骨架外的铝。尽管无模板剂晶种诱导法合成的 LEV-SDS 沸石的硅铝比只有 4.06，但是产物中所有的铝物种都进入了分子筛的骨架，这说明无模板剂晶种诱导法是一种合成富铝 LEV 分子筛的有效方法。Na-LEV-SDS 沸石的硅核磁谱图上给出了四个峰，分别位于−115 ppm、−109ppm、−103 ppm 和−97 ppm。由于存在 $36T_1$ 和 $18T_2$ 两种结晶学不等价的四面体位置，LEV 型沸石硅核磁谱峰的归属比较复杂，也不能简单地根据各峰的面积推算 LEV 沸石的硅铝比。Lentz 等将位于−115 ppm、−108 ppm、−103 ppm 和 −97 ppm 的谱峰分别归属为 $Si(0Al)_{T_2}$、$Si(0Al)_{T_1}+Si(1Al)_{T_2}$、$Si(1Al)_{T_1}+Si(2Al)_{T_2}$ 以及 $Si(2Al)_{T_1}+Si(3Al)_{T_2}$ 物种的共振峰[109]。作者采用无模板剂法合成的 Na-LEV-SDS 沸石硅核磁谱峰的化学位移与文献报道的基本相同，遵循相同的归属原则。

3.4.2　合成影响因素

作者系统考察了凝胶组成中的 SiO_2/Al_2O_3 和 Na_2O/SiO_2 对产物类型的影响，发现只有 Si/Al 为 22，Na_2O/SiO_2 为 0.36～0.38 时，产物才为纯相 LEV 沸石，即使配比发生微小的变化，最终产物也会生长出 MOR 或 P 型沸石杂相。这是因为无模板剂合成 LEV 的配比落在了 MOR 晶化相区的边缘(不加晶种，长时间或高温晶化可以得到 MOR)，加入的 RUB-50 晶种对产物起到了结构导向的作用，才使得产物的类型发生变化。初始凝胶中的硅铝比提高或降低时，由于碱度没有发生变化，溶解在液相中的硅物种浓度基本不变，硅铝比的变化主要体现在凝胶固相中，因此固体产物的硅铝比变化导致了

MOR 杂相的生成。Na_2O/SiO_2 对合成产物的影响与 SiO_2/Al_2O_3 的影响是相互辩证的。提高 Na_2O/SiO_2 使体系的 pH 提高，液相中溶解的硅物种含量提高，使得凝胶固相中的硅铝比降低，当固相中硅含量低到一定程度时进入 GIS 型沸石的生长相区，进而长出 P 型沸石杂相。同理，当降低 Na_2O/SiO_2 时，凝胶固相中氧化硅的含量提高，MOR 自发成核，与 LEV-SDS 一起出现在最后的产物中。

将 20%的钠离子用等摩尔的钾离子取代之后，产物主要为 ZSM-34 沸石，晶种的结构导向作用甚至不如少量的钾离子。产生这种现象的原因可能是钾的离子半径大于钠的离子半径，并且两种碱对硅铝酸盐的溶解性也不同：等摩尔的氢氧化钾对氧化硅的溶解能力要强于氢氧化钠。因此，将部分钠换成等量的钾后，产物的类型由八元环 LEV 型沸石相变成了钾离子更容易导向的十元环 ZSM-34 沸石。

在合成 LEV-SDS 时，晶化温度也会对产物有一定的影响。140 ℃晶化时产物中经常混有 MOR 混相；合成温度降低到 120 ℃，可以得到纯相的 LEV-SDS 沸石；将温度进一步降低到 110 ℃，LEV 的生长速度变得很慢。即使经过较长时间的反应，产物的结晶度也不再提高，并且产物类型为几种沸石结构的混相。

3.4.3 合成中醇的作用

在合成凝胶中加入少量的乙醇对得到纯相的 LEV-SDS 沸石起到关键作用。为了解释乙醇在合成中发挥的作用，作者采用了在初始凝胶中不加醇或分别加入甲醇、正丙醇、正丁醇的方法。XRD 谱图显示，当合成体系中没有醇时，LEV-SDS 产物中混有少量的 MOR。加入几种小分子直链一元醇后，都能得到纯相的 LEV-SDS 沸石分子筛，说明醇的加入可以抑制 MOR 杂相的生成。对应的扫描电镜照片给出了与 XRD 一致的结果，加入不同醇得到的产物具有完全相同的粒子尺寸和形貌，说明醇很可能只起到了溶剂的作用。因为如果醇可以作为合成 LEV-SDS 的模板剂，那么每种醇的模板效应不一定完全相同，也就是说几种产物不应该具有相同的晶体大小和形貌。

为了进一步检验乙醇是否作为合成过程的模板剂，作者以焙烧过的 Na-LEV-SDS 做晶种，对晶化时间分别为 36 h 和 72 h 的产物进行了红外光谱表征。两个样品的谱图上都没有观察到位于 2800～3000 cm^{-1} 的峰，即醇中甲基 C—H 键的伸缩振动峰，说明结晶过程中和晶化完全的产物中都不存在乙醇分子。晶化时间为 72 h 的样品的 C/H/N 元素分析结果也表明产物中无有机物存在。以上结果充分说明合成凝胶中加入的少量醇只是作为水热反应的共溶剂，而非有机结构导向剂。

有文献报道醇可以延迟沸石合成的诱导期，降低沸石的晶化速度[110]。晶种法无有机模板剂合成 LEV 沸石过程中，少量的醇可以在一定时间内抑制 MOR 的成核和生长[111]。而加入的 RUB-50 晶种提供了 LEV-SDS 沸石生长所需要的晶核，因此其晶化过程受到的影响很小，最后产物中没有 MOR 杂相，即在 MOR 成核生长之前，LEV-SDS 已经晶化完全。为了进一步验证醇对 MOR 生长的抑制作用，以 MOR 晶种取代 RUB-50 晶种，定向合成 MOR。不加醇的初始凝胶晶化后产物为纯相的 MOR，而当加入少量的乙醇后，最终产物为 ECR-1 和 MOR 的混相，这说明在该合成体系下，醇的加入确实抑制了 MOR 的生长，因此可以在少量醇的辅助下采取无有机模板剂合成纯相的 LEV-SDS 沸石。

3.4.4 LEV-SDS 在 MTO 反应中的应用

作者比较了 LEV-SDS、ZSM-5 及 SAPO-34 催化剂在 MTO 反应中的转化率和选择性。ZSM-5 的转化率最稳定，始终保持在 93%～94%，但是对乙烯和丙烯的选择性却相对较低(60 min，＜65%)。SAPO-34 分子筛既表现出高的转化率，又给出了较高的乙烯和丙烯选择性(77.4%)。相比之下，LEV-SDS 对乙烯和丙烯的选择性之和达到了 82.8%，是三个催化剂中最高的。但是 LEV-SDS 在 MTO 反应中的转化率随时间的延长逐渐降低，甲醇连续通过催化剂进行反应导致了不可避免的积炭失活。这种现象可能是由 LEV-SDS 沸石的硅铝比较低(4.06)造成的。另外，值得注意的是，两种八元环催化剂对产物的选择性截然不同，LEV-SDS 沸石对乙烯的选择性高于 SAPO-34，而对 $C_{4\sim5}$ 产物的选择性低于 SAPO-34 分子筛，产生这种现象的原因可能是两者的孔尺寸和孔形状不同。SAPO-34 的孔道和笼的尺寸稍大于 LEV-SDS，对丙烯甚至 $C_{4\sim5}$ 烯烃的选择性较高；而孔尺寸较小的 LEV-SDS 则有利于生成低碳产物。

3.5　晶种法无有机模板剂合成 ZSM-34 沸石

在第 2 章中作者已经讨论了在 L 晶种溶液(L seeds solution)存在的条件下，无有机模板剂合成 ZSM-34 沸石，但是合成晶化时间很长(7 天)，晶体粒径也很大(约 20 μm)。而加入晶种可以显著地提高晶化速度，缩短合成周期，而且在很多情况下降低了晶体的粒径大小。这里作者将系统讨论无有机模板剂条件下晶种法合成 ZSM-34(即 ZSM-34-S)[52]。

3.5.1　ZSM-34-S 沸石分子筛的合成

表 3.2 列出了在晶种导向作用下，反应温度在 85～180 ℃和反应时间 1～168 h 之间无有机模板剂条件下合成 ZSM-34-S 沸石的不同条件。很明显，当合成温度在 140 ℃且无 ZSM-34 晶种时，得到的产物为无定形相(实验 1)。当晶种的加入量为 1%～3%时，将会获得不同含量的 ZSM-34 沸石和无定形硅铝两者的混合物(实验 2 和实验 3)。当加入 5%的晶种时，产物是纯的 ZSM-34

沸石(实验 4)，说明晶种在无有机模板剂合成 ZSM-34-S 沸石分子筛过程中发挥着重要的作用。当反应温度降低到 85 ℃时，仍然可以得到 ZSM-34-S 沸石分子筛，说明在晶种导向作用下合成 ZSM-34-S 沸石分子筛的条件是非常温和的。而当反应温度提高到 180 ℃时，反应完成仅需要很短的时间(2 h，实验 9)。温和的合成条件和短的反应时间对工业规模生产 ZSM-34 沸石是很有意义的。

表 3.2　使用晶种法合成 ZSM-34-S 体系中合成条件对产物的影响

实验序号	温度/℃	晶种量/%	时间/h	SiO_2/M_2O	产物
1	140	0	72	2.30	无定形相
2	140	1	6	2.30	无定形相 + ZSM-34-S
3	140	3	6	2.30	ZSM-34-S + 无定形相
4	140	5	6	2.30	ZSM-34-S
5	85	5	168	2.30	ZSM-34-S
6	140	0	6	2.50	无定形相
7	180	5	1	2.50	ZSM-34-S + 无定形相
8	180	5	1.5	2.50	ZSM-34-S + 无定形相
9	180	5	2	2.50	ZSM-34-S
10	180	5	3	2.50	ZSM-34-S

3.5.2　ZSM-34-S 沸石分子筛的表征

图 3.8 给出了 HZSM-34-C、HZSM-34-L、HZSM-34-S 和 HZSM-34-HT 的扫描电镜照片。它们展现的晶体粒径和形貌差异明显：采用传统有机模板剂合成的 HZSM-34-C 样品是球形，颗粒大小在 10～20 μm，采用 L 导向剂合成的 HZSM-34-L 的形貌是棒状，长度在 10～30 μm，而采用 ZSM-34 晶种合成的 HZSM-34-S，形貌虽然还是棒状，但是长度大大缩短，只有 2～5 μm，该样品经过水热处理后长度仍然保持在 2～3 μm。

(a)　　(b)　　(c)　　(d)

图 3.8　不同方法合成 ZSM-34 的形貌

(a) 采用常规方法合成的 HZSM-34-C；(b) 采用 L 导向剂合成的 HZSM-34-L；(c) 采用晶种法合成的 HZSM-34-S；(d) 采用晶种法合成的 HZSM-34-S 水热处理后 (HZSM-34-HT)

所有的样品都给出了典型的 Langmuir 吸附曲线，其中在相对压力为 $10^{-6} < p/p_0 < 0.01$ 的区域显示出了急剧的上升，这归因为微孔的填充。对所有样品的比表面积进行评估，可以发现，ZSM-34-S 样品的比表面积相对较小，为 347 m^2/g。当通过铵交换，焙烧转换为 HZSM-34-S 后，产品具有较高的比表面积 (433 m^2/g)，这是因为碱金属离子 Na^+和 K^+相对 H^+占据了微孔中的更大空间，除去这些碱金属离子能明显地提高 ZSM-34-S 沸石分子筛的比表面积。当用水蒸气 600 ℃处理 3 h 后，孔体积变成了 0.13 cm^3/g，这主要是由从骨架上脱落的碎片片段堵塞了部分孔道所致。

HZSM-34-S 沸石的 ^{29}Si MAS NMR 谱图显示出了−93.9 ppm、−97.2 ppm、−102.4 ppm、−107.4 ppm 和−112.5 ppm 谱峰，根据文献报道的硅类型的归属，这些共振峰分别归属为 Si(3Al)、Si(2Al)、Si(1Al)、Si(1Al)和 Si(0Al)周围环境不同的硅类型[112]。根据硅核磁估算出来的 HZSM-34-S 的骨架 Si/Al 为 3.80，这与 ICP 设备的测量值 3.82 非常近似。先前文献中，ZSM-34-L 沸石给出的骨架 Si/Al 范围在 3.8～4.0。然而经过水热处理后得到的 HZSM-34-HT 的骨架 Si/Al 经硅核磁模拟计算，其大小约为 8.36。

3.5.3　ZSM-34-S 沸石分子筛的催化性能

HZSM-34-C、HZSM-34-L、HZSM-34-S 和 HZSM-34-HT 沸石在反应温度为 400 ℃的 MTO 反应中显示出明显不同的催化性能。HZSM-34-C 沸石的反应活性从 60 min 开始逐步降低，而 HZSM-34-L 沸石催化剂从 90 min 开始降低甲醇的转化率。采用晶种法合成的 HZSM-34-S 沸石催化剂基本上能保持甲醇完全转化至 180 min，说明 HZSM-34-S 具有比 HZSM-34-C 和 HZSM-34-L 更长的催化剂寿命，这可以归因于晶粒大小上的差异：HZSM-34-S 的晶体粒径比 HZSM-34-C 和 HZSM-34-L 沸石更小，这有利于 MTO 反应中反应物与产物的传质扩散。经过水热处理后的 HZSM-34-HT 沸石具有长得多的反应寿命，能够持续完全转化甲醇 270 min，这可以从二者的 Si/Al 的差异来解释。相对于 HZSM-34-S，HZSM-34-HT 样品的酸性中心的数目(酸密度)少，在 MTO 反应中可以明显地降低积炭速率和提高抗失活性。

HZSM-34-C、HZSM-34-L、HZSM-34-S 和 HZSM-34-HT 沸石催化剂在 MTO 反应中表现出不同的产物选择性。HZSM-34-C 沸石给出的产物选择性分别是 19.2%的乙烯、46.0%的丙烯、8.4%的 $C_{1\sim3}$ 链状饱和烷烃和 26.5%的 $C_{4\sim5}$ 的烃分子。相对于 HZSM-34-C 沸石而言，HZSM-34-L 沸石催化剂显示出了相对高的乙烯选择性和较低的 $C_{4\sim5}$ 的烃分子选择性，分别为 24.1%和

21.3%。非常有趣的是，晶种法合成的 HZSM-34-S 表现出了非常高的丙烯选择性(55.2%)、较低的乙烯选择性(20.0%)和低的 $C_{4\sim5}$ 的烃分子选择性(17.1%)。考虑到 HZSM-34-L 和 HZSM-34-S 沸石之间相似的骨架硅铝比、不同的晶体形貌和晶体粒径，产物选择性的差异说明了小晶体粒径的沸石催化剂非常有助于 MTO 反应中产物和反应物在晶体内部的传质，减小了产物丙烯继续发生副反应的概率[113]。HZSM-34-S 沸石催化剂在 MTO 反应中如此高的丙烯产物选择性，对来源广、价格低廉的甲醇的高效利用来说是非常有意义的。经过 600 ℃水热处理 3 h 后的 HZSM-34-HT 沸石给出较低的乙烯选择性(29.0%)和较高的丙烯选择性(47.0%)，这个现象可以归结为孔径大小的改变，因为水热处理后孔道中产生碎片，N_2 吸附-脱附实验结果也证明了这一点。

3.6　晶种法无有机模板剂合成 ZSM-5 沸石

第 2 章中已经简单地讨论了 ZSM-5 沸石可以通过调控起始凝胶中的硅铝比在无有机模板剂的条件下合成。在这里，作者介绍使用晶种法在无有机模板剂条件下合成富铝的多级孔 ZSM-5 沸石[114]。

3.6.1　富铝多级孔 ZSM-5 的表征与催化性能

XRD 谱图［图 3.9(a)］显示产品为具有高结晶度的纯相 ZSM-5 沸石，从扫描电镜照片［图 3.9(b)］中可以看出产品具有椭球形形貌，晶体粒子大小为 0.8～1 μm，每个椭球粒子由很多更小的纳米粒子构成。离子交换后的样品吸附等温线［图 3.9(c)］显示在低相对压力下吸附量急剧上升，这属于典型的微孔沸石的吸附特性；另外，在相对压力为 0.4～1.0 的区间内存在一个明显的滞后环，表明 ZSM-5-S 样品中存在介孔结构。BJH 方法给出的介孔尺寸分布在 25 nm 左右，另外在 50～150 nm 也有少量的孔分布。用 *t*-plot 方法计算的比表面积为

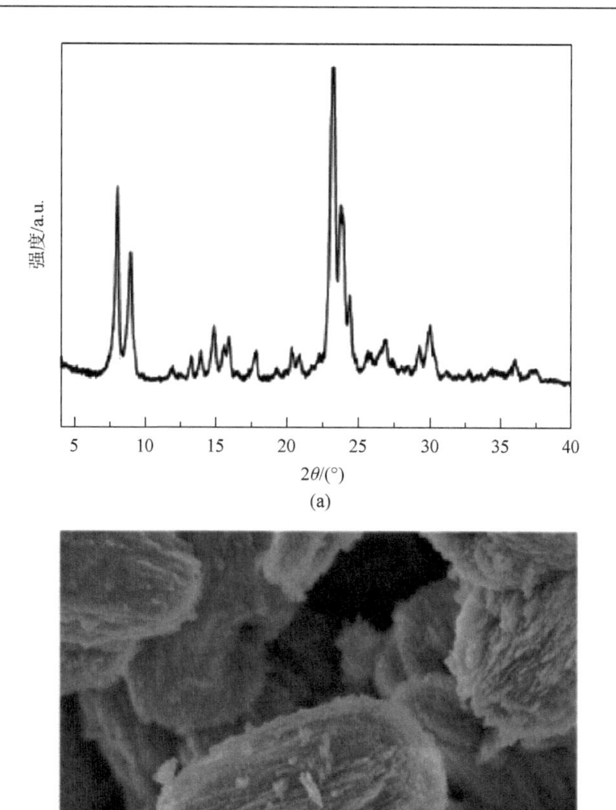
强度/a.u.
5 10 15 20 25 30 35 40
2θ/(°)
1 μm

(a)

(b)

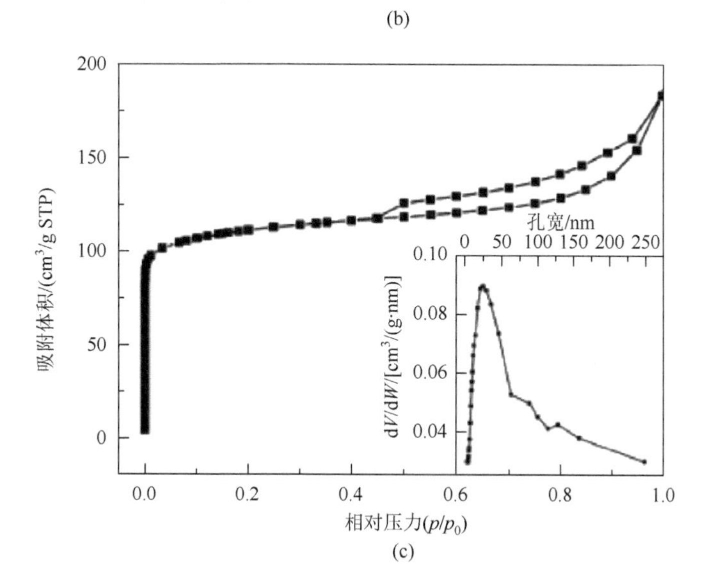
200
150
100
50
0
吸附体积/(cm³/g STP)
0.0 0.2 0.4 0.6 0.8 1.0
相对压力(p/p₀)
孔宽/nm
0 50 100 150 200 250
0.10
0.08
0.06
0.04
dV/dW/[cm³/(g·nm)]

(c)

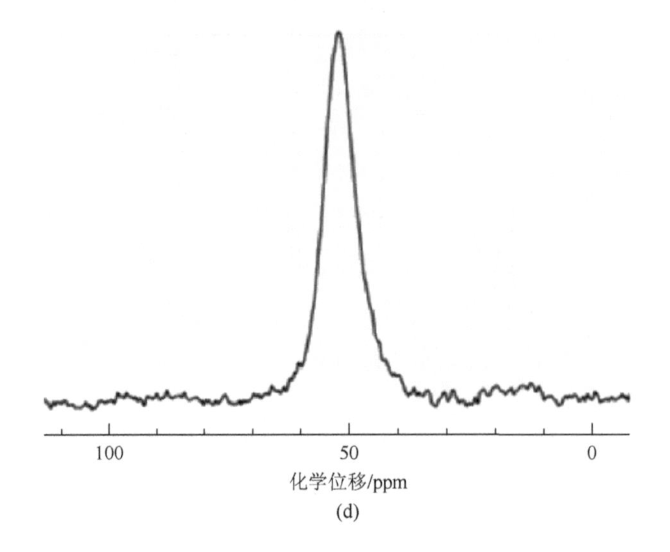

(d)

图 3.9　使用晶种法合成富铝多级孔 ZSM-5 的 XRD 谱图(a)、扫描电镜照片(b)、氮气吸附等温线(c)和 ^{27}Al NMR 谱图(d)

373 m^2/g，其中外比表面积为 94 m^2/g；HK 方法给出的微孔尺寸为 0.53 nm，与 MFI 的孔尺寸吻合。合成 ZSM-5-S 的初始凝胶硅铝比为 10，ICP 分析显示产物硅铝比只有 9.6。ZSM-5-S 样品的 ^{27}Al NMR 谱图[图 3.9(d)]中只有一个位于 54 ppm 的谱峰，这说明铝物种都是四配位的骨架铝，而在 0 ppm 处没有峰意味着没有骨架外的铝存在。因此，作者不但在无任何有机模板剂的体系中合成出了多级孔 ZSM-5 沸石，而且这个多级孔 ZSM-5 沸石的骨架铝含量还很高，即以晶种法合成了富铝多级孔 ZSM-5 沸石。

进一步，以异丙苯裂化反应为模型反应测试了不同 ZSM-5 样品的催化活性，结果显示随着铝含量即酸量的升高，异丙苯的转化率提高；更重要的是，由于 ZSM-5-S 具有多级孔结构，反应物和产物在其中的扩散速率更快，因此积炭失活速率比大晶粒的 ZSM-5-C，甚至是纳米 ZSM-5-N 都要慢。介孔结构不仅使反应积炭失活速率变慢，也使 ZSM-5 沸石中活性酸中心更易接近，因此对反应转化率的提高也有一定贡献。

3.6.2　晶体形貌影响因素

由纳米粒子的自组装形成晶体间或晶体内介孔结构是近几年发展起来的一种简单有效的合成多级孔沸石的方法。纳米沸石的组装主要是通过控制晶化条件实现的，在过饱和度较高的体系中，成核速度大于晶体生长速度，因此会在较短时间内形成大量的沸石晶核，晶核再生长形成纳米粒子，而纳米粒子由于表面自由能较高而不稳定，会聚集在一起形成大晶粒，晶粒之间不完全聚集就形成了介孔结构。虽然晶种已经应用在大规模工业生产中，但是晶种促进沸石晶化的确切机理还没有被完全理解。可以确定的是，能够提供大比表面积的小尺寸晶种对沸石晶化的促进作用更为明显。

对于加入晶种的体系，晶种提供了沸石生长的核，但是不同于 Beta 沸石，ZSM-5 沸石分子筛是可以在无有机模板剂体系下自发成核的。不加晶种的体系产物为 ZSM-5 和 MOR 沸石的混相；而且 ZSM-5 晶体是由很多纳米棒无定向聚集形成的，尺寸约为 10 μm。因此晶种的加入不仅纯化了产物，更使随机排列的纳米棒围绕晶种定向生长，且加入晶种后生成的纳米棒更细。

硅源是合成沸石的重要起始原料，在碱性水热条件下，不同硅源具有不同结构、粒子大小和溶解速率，因此硅源不同会进一步影响硅酸根离子的聚合状态和溶液中硅物种的过饱和度，最终影响沸石的晶化过程。作者在合成沸石中以 TEOS 为硅源，TEOS 是公认的活性最好的单分散硅源，在碱性条件下可以水解、聚合形成多聚硅酸根或与铝酸根聚合形成硅铝酸根。当以白炭黑和硅溶胶为硅源时，得到的 ZSM-5 产物的形貌基本无差别，都保持了 ZSM-5-S 的大小和外形，但是以 TEOS 为硅源时，生成的 ZSM-5 粒子是由较大的纳米棒共生而非细小的纳米棒聚集而成的。

初始凝胶硅铝比对产物的形貌也有影响。硅铝比提高后，ZSM-5 的晶化速度也明显提高，硅铝比的变化改变了沸石生长动力学。提高硅铝比之后产物已经完全不具有纳米棒聚集的形貌，投料硅铝比为 20 的产物具有片状共生的形貌，而投料硅铝比为 50 时则得到了典型的六边形 ZSM-5。在有机模板体系中，富硅凝胶利于生成大晶粒 ZSM-5，而在作者采用的无有机模板剂体系中，这条规则同样适用。根据 Lowenstein 规则，铝氧四面体之间不能连接，而硅氧四面体既可以相互聚合，又可以与铝氧四面体聚合，因此富铝体系聚合速度慢，晶化速度也慢，且更容易生成小尺寸晶体。

3.6.3 富铝多级孔 ZSM-5 的生长过程

为了理解晶种在晶化过程中所起的作用，作者对不同晶化时间得到的 ZSM-5 产物进行了 XRD 和 SEM 表征。从 XRD 谱图上观察到，晶化时间为 0 h 时，产物为无定形相；晶化时间从 0 h 增加到 12 h 时，产物的结晶度缓慢提高；晶化时间从 12 h 增加到 48 h 时产物的结晶度迅速增加；晶化时间从 48 h 增加到 72 h 时样品的结晶度提高并不明显，说明 72 h 时 ZSM-5 沸石已经完全晶化。扫描电镜照片显示晶化时间为 0 h 时的样品基本为无定形相，但是仍然可以找到极少数大小和形貌与所用晶种相似的粒子，说明大部分晶种被包裹在无定形硅铝凝胶中；晶化时间增加到 3 h，可观察到的晶体数量变多，晶体粒子相比晶种变圆且尺寸增大，说明无定形硅铝凝胶提供营养使沸石晶种生长；延长时间到 6 h，暴露的晶体数量继续增多，仔细观察不难发现每个晶体表面似由很多小纳米粒子聚集而成；当晶化时间延长到 12 h 时，晶体尺寸已经大于 1 μm，发生了明显的生长；12 h 之后，晶体生长更为明显，逐渐变成与晶种外形类似但尺寸大得多的粒子，同时无定形硅铝凝胶逐渐消失；晶化完全的样品为 2.5 μm×2 μm 的枣形。从晶化过程看，这些纳米棒并不是简单地堆积在一起，而是随着晶化的进行逐渐从晶体上生长出来的，纳米棒的聚集生长很可能会产生晶体间介孔结构。HRTEM 谱图表明，这些 ZSM-5 纳米棒相互连接在一起，具有相同的结构走向，电子衍射图证明，聚集的晶粒具有类单晶结构(图 3.10)。

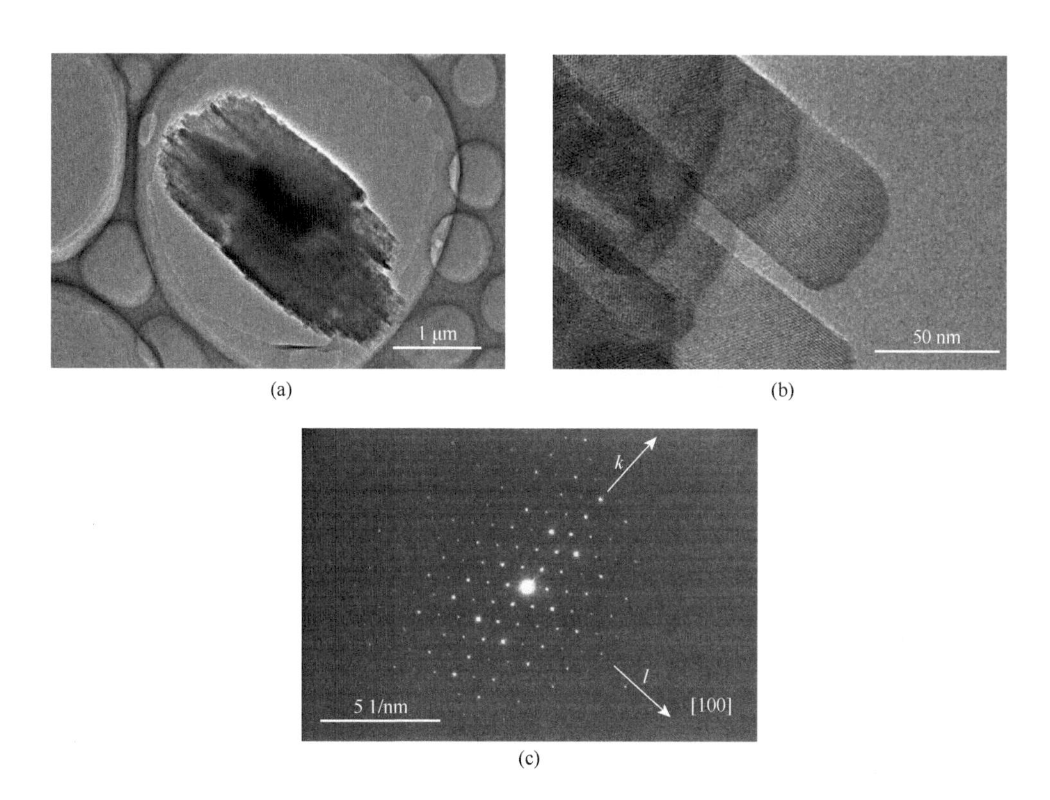

(a)　(b)　(c)

图 3.10　MFI-SDS 的低倍(a)和高倍(b)透射电子显微镜图以及它的电子衍射图(c)

3.7　小　　结

在本章中作者详细讨论了使用晶种法在无有机模板剂的条件下合成沸石分子筛的方法。该方法始于 Beta 沸石，随后的系列成功例子(LEV、TON、MTT 等)证实了该方法的普适性。晶种的选择和加入量是该方法的核心因素，并与合成凝胶的碱度、Si/Al 以及晶化温度的协同作用有关。

该方法最成功的例子仍然是 Beta 沸石，美国科学院院士、工程院院士、加州理工学院教授 Davis 在以“Zeolites from a materials chemistry perspective”

为题名的综述中指出：在沸石合成中原本需要有机模板剂的，现在却不需要了，仅仅需要在合成的初始体系中加入少量的晶种。Xie 等在 2008 年第一次在没有加入任何有机模板剂的情况下合成了 Beta 沸石，这种合成 Beta 沸石的方法是沸石合成中一个有意义的突破。德国 BASF 公司最近已经成功地完成了晶种法导向合成 Beta 沸石的工业放大合成及其催化应用。

第4章　无溶剂合成沸石分子筛

4.1　溶剂(水)的作用

溶剂(水)热合成是沸石分子筛合成的经典路线，溶剂(水)一度被认为是分子筛合成过程中不可或缺的，这主要是由于人们在早期模拟天然条件合成分子筛的固有认识：高温和高压。在稍后出现的“溶胶-凝胶”合成法则奠定了目前经典的溶剂(水)热合成的基本步骤，溶剂作用以及相应的自生高压被认为是溶剂(水)在分子筛合成过程中的基本作用。

1990年，徐文旸等首次提出了采用干胶转换的方法来合成沸石分子筛[13]，他们成功地将合成ZSM-5所用的硅铝无定形干凝胶在乙二胺、三乙胺蒸气及少量水的存在下转换生长成了ZSM-5分子筛晶体。与传统的水热合成方法相比，干胶转换法得到的沸石分子筛产品具有极高的产率，但是制备过程相对复杂，因为其转换用的干胶要通过制备水合凝胶再将水合凝胶蒸干得到。不过这种方法证实了在晶化过程中并不需要大量的水作为溶剂。

2004年英国的Morris等首次提出离子热合成分子筛的方法[14,16-17]，他们采用咪唑类化合物的离子液体作为反应溶剂兼模板剂分子成功地合成了多种磷铝及金属磷铝骨架的分子筛结构。与传统的水热合成法或者溶剂热合成法合成分子筛相比，离子热合成法可以在接近常压状态下进行，这样不仅减少了高压反应带来的危险性，还可以循环利用这种溶剂。尽管这种方法在合成硅铝沸石方面的适用性和成本等仍然面临很大挑战，但表明了在分子筛晶化过程中高压并不是必然因素。

基于以上认识，作者提出：在沸石分子筛晶化过程中，液相组分中水的作用类似于“催化剂”，即硅铝物种在起始解聚阶段需要水分子作为反应物去解聚硅铝物种，而这些硅铝物种在结晶过程中由于缩聚又产生水形成反应产物。因此，作者设计了新型的分子筛绿色合成路线：无溶剂合成。这种合成路线仅仅涉及固相原料的研磨混合，其间不需要加入任何溶剂，物料混合完成便可以直接装入反应釜中进行晶化反应，并且在整个晶化过程中，物料一直保持固体状态，因此这样的合成路线被命名为固相合成法。这种方法操作简单，大大地节约了洁净水资源的使用，并且有着很高的原料利用率和产品产率，更重要的是，该方法极大限度地减少了排废带来的环境污染。

4.2 无溶剂合成硅铝沸石

4.2.1 MFI 沸石的无溶剂合成

作者首先以纯硅 silicalite-1 分子筛的合成为例，研究其晶化过程中的生长规律，从而进一步阐述固相合成法的机理[115]。作者采用了一种含有结晶水的 Na_2SiO_3 为硅源，在 TPABr 固体存在的情况下，将固体胶研磨成粉末，转移至反应釜中，180 ℃反应 24 h 得到了结晶度良好的 silicalite-1 产品，固相组成的摩尔比为 0.2TPAOH/1.0SiO_2/(7～12)H_2O。由于采用这种含结晶水的 Na_2SiO_3 为硅源进行合成时，体系水硅比为 7～12，仍然不能算是极低的水量。因此作者通过加入无定形二氧化硅的方法将体系的水硅比进一步降低。通过调节两种硅源的比例可以获得具有不同水硅比的反应体系。作者采用水硅比为 4.0 的体系，对该方法进行系统性研究。通过调节体系配比，得到了结晶度较好的 silicalite-1 产品，从 SEM 照片可以看出，该方法得到的产品均为尺寸较大的聚集态晶体，尺寸为 20～40 μm，产品不是单一的晶体，而是通过片层状堆积得到的聚集体，这可能是由固相合成过程中，原料之间的扩散空间较小，成核比较集中造成的。

作者选取了不同杂原子的固体原料与硅源进行混合研磨，通过调节原料配比，在无溶剂条件下成功地制备了含有不同种类、不同含量杂原子的 MFI 沸石，所有产品均为结晶度较高的纯相。对不同杂原子的引入量进行了 ICP 测试，可以发现每种杂原子的引入量都是在一定范围内可调的。SEM 照片显示所有产品均为形貌较为均一的纯相，并且同纯硅产品类似，所有的产品均呈现为聚集态的多晶形貌。与纯硅产品的不同之处在于，掺入杂原子后，产品的形貌产生了一些变化，尤其明显的是掺入铁原子的沸石分子筛产品，原来的纯硅产品为片层状堆积的多晶，掺入铁原子后变成棒状的纵向堆积。这可能是由铁原子掺入后，分子筛各个晶面的生长势能发生变化引起的。本章对引入的杂原子的状态也进行了相应的表征。掺杂铝的 Al-ZSM-5 样品的 ^{27}Al NMR 谱图仅仅出现了一个位于 54 ppm 的谱峰，这说明产品中仅存在四配位形式的铝物种；掺杂铁的 Fe-ZSM-5 的紫外可见吸收光谱图中出现了位于 250 nm 的电荷跃迁吸收峰以及长波长显著的分别位于 372 nm、410 nm 及 435 nm 的 d-d 跃迁吸收峰，这样的吸收谱峰对应的铁物种状态为四配位的骨架[116]。以上结果说明各种杂原子在无溶剂合成的条件下都可以有效地被引入 MFI 沸石的骨架中。

4.2.2　MFI 沸石无溶剂合成的晶化过程研究

图 4.1 为不同晶化时间得到的 MFI 产品的状态照片、XRD 谱图、紫外拉曼光谱图及 ^{29}Si NMR 谱图。通过不同晶化时间的照片可以发现，在反应过程的各个阶段，整个体系都呈现为固体状态。图 4.1（A）-a 为各种物料刚混合好时装入玻璃管中的状态，并对原料在管中的高度用短线进行了标记。此时的 XRD 谱图上反映出来的是混合原料的谱峰。当反应进行到 2 h 时，从 XRD 谱图中可以看出此时固体为无定形状态，原来初级原料的峰基本消失，这可能是由物料之间的分散及初步反应造成的。虽然产品仍然是无定形状态，但是从玻璃管中观察到固体高度明显下降，造成这种现象的原因有两个：①无定形二氧化硅有很大的孔隙率，在物料之间反应的过程中，扩散在其中不断进行，因此填充

了氧化硅之间的空间；②加热过程一开始，反应体系中就会出现硅羟基之间的缩合，使得整体体积下降。以上两种因素的作用使得固体看起来像是在减少。当反应进行到 24 h 时，产品的 XRD 谱图给出了较好的产品谱峰，说明此时晶化过程已经完成。玻璃管中的固体较晶化 2 h 时减少了更多，这与其晶化过程中的硅羟基不断缩合是分不开的。

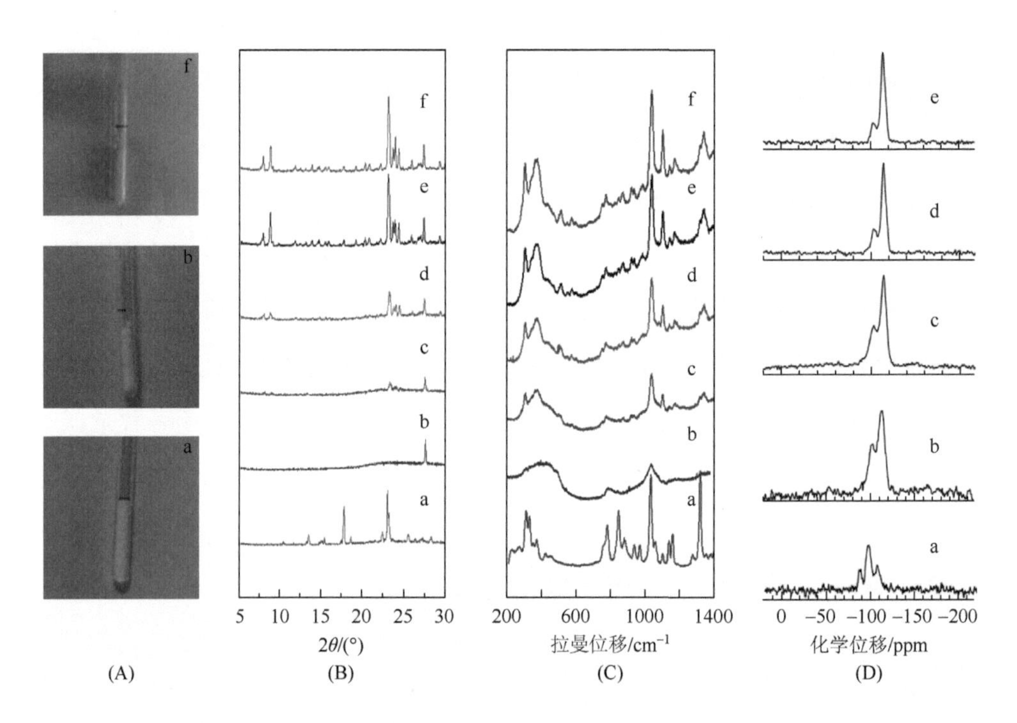

图 4.1 无溶剂合成 S-Si-ZSM-5 样品的晶化时间在 0 h(a)、2 h(b)、10 h(c)、12 h(d)、18 h(e)和 24 h(f)的状态照片(A)、XRD 谱图(B)、紫外拉曼光谱图(C)和 ^{29}Si NMR 谱图(D)

产品不同晶化阶段的 XRD 谱图、拉曼谱图及核磁谱图分别如图 4.1(B)～(D)所示。晶化前固体原料的峰基本都可以被观察到，当晶化时间为 2 h 时，从 XRD 谱图中仅仅可以看到在 27.6°出现的对应于立方晶相的 NaCl 的峰［图 4.1(B)-b］，其他所有原料的峰都消失了，这可以归因于固体盐在无定形氧化硅之间的扩散，这种扩散的过程是一个熵增加(ΔS)的过程，体系倾向于自发地向这种混乱度增加的状态进行[117-119]。同时在这个过程中，NaCl 晶相因为体系中的 Na^+与 NH_4Cl 作用而形成。从这两个阶段的拉曼谱峰中可以发现，晶化前基本只有四丙基溴化铵的拉曼谱峰。当时间达到 2 h 时，反应物中的 TPA^+物种的拉曼谱峰基本消失［图 4.1（C）-a 和（C）-b］，这种现象就是由前面提到的混乱程度增加造成的；TPA^+逐渐地扩散至无定形的硅物种之间，这种高度分散现象造成拉曼信号降低乃至消失[120]。从晶化 2 h 的产品的 ^{29}Si NMR 谱图可以看出，此时硅物种已经开始出现明显的缩合，Q^4 硅物种已经开始占主导［图 4.1（D）-a 和（D）-b］，与观察玻璃管的照片得到的结论一致。当晶化时间达到 10 h 时，产品的 XRD 谱图中出现了微弱的对应于 MFI 特征结构的谱峰［图 4.1（B）-c］；同时，在紫外拉曼光谱中，374 cm^{-1} 处出现了微弱的归属为五元环振动的 Si—O—Si 的拉曼谱峰。在 307 cm^{-1} 及 1037 cm^{-1} 处也出现了对应于 TPA^+物种的拉曼谱峰［图 4.1（C）-c］，这意味着 S-Si-ZSM-5 晶体开始产生。当晶化时间从 10 h 变化到 18 h 时，产品的 XRD 谱峰及拉曼谱峰都出现了明显的增强［图 4.1（B）-c～e，图 4.1（C）-c～e］，这意味着无定形的氧化硅逐渐向晶体转换。相对应地，从核磁谱图来看，氧化硅的缩合程度也有了较大程度的增加［图 4.1（D）-c 和（D）-d］。当晶化时间超过 18 h 时，从 XRD 谱图及拉曼谱图上都观察不到谱峰强度上的变化，这意味着此时晶化过程基本完成［图 4.1（B）-f 和图 4.1（C）-f］。这些表征结果描述了晶体整个生长过程的变化，初始原料混合并扩散，物料扩散的过程中，晶化过程不断进行，硅羟基的不断缩合最终使得固体原料在固相状态下转换为 S-Si-ZSM-5 沸石分子筛晶体[121]。

总的来说，无溶剂合成的反应过程为物料之间扩散重排的过程，反应发生在固态的反应物之间，不存在像液相凝胶中发生的溶解、重排再生长的过程，因为固相体系中的水含量低，这些水分子仅仅起到了反应催化剂的作用。进一步，对无溶剂合成的 S-Si-ZSM-5 沸石分子筛及水热法 silicalite-1 沸石分子筛合成的初期产品的氮气吸附等温线的对比研究表明，固相热合成体系中起始原料加热 2 h 后，得到的无定形样品经焙烧展现出了部分典型的 Langmuir 型吸附等温线，经计算，其 HK 孔径分布位于 0.8 nm。这些结果说明，对于无溶剂合成的方法，在反应初期的无定形阶段就已经有部分微孔形成，而此时晶体还远远没有生长。也就是说，TPA^+阳离子在生长过程的初期就已经通过扩散的方式插入了无定形的硅物种之间，因此在孔道结构形成之前就体现出了微孔的吸附。由于样品是较为松散的无定形状态，这时的孔径要大于 ZSM-5 晶体的标准孔径(5.2～5.5 Å)。随着生长的进一步进行，无定形的硅骨架进一步生长、缩合，逐渐晶化成 MFI 晶体结构。而水热合成方法的生长体系中，反应初期(180 ℃，2 h)得到的产品在焙烧后基本没有任何对应于微孔部分的吸附，说明在此过程中没有发生 TPA^+阳离子的包埋。这样的结果充分表明了两种合成路线的显著差别。可以认为，在无溶剂合成路线中，TPA^+阳离子与无定形硅物种间的作用与其反应期间的固相状态是分不开的。在合成体系狭小的空间中，物种之间的扩散是一个自发的过程，因此模板剂分子能较充分地与硅物种作用，产生初级的类似孔道的结构。

除了纯硅的 silicalite-1 沸石分子筛的成功制备以外，作者还将此方法拓展到了含有不同金属杂原子(Al、Fe、Ga、B)的 MFI 骨架类型的合成及多级孔结构的 ZSM-5 分子筛的合成。另外，这种固相热合成的路线可以成功地应用到多种骨架类型分子筛的合成中，包括 CHA、FAU、MOR、SOD、ZSM-39 和 Beta 等硅铝沸石。下面将仅讨论 CHA 的无溶剂合成。

4.2.3 高硅 CHA 沸石的无溶剂合成

SSZ-13 是一种具有典型 CHA 拓扑结构的高硅沸石分子筛，为三维八元环孔道体系，孔口直径为 3.8 Å×3.8 Å。20 世纪 80 年代，SSZ-13 沸石分子筛由美国科学家 Zones 在水热体系下，采用 *N*, *N*, *N*-三甲基-1-金刚烷基氢氧化铵(TMAdaOH)作为有机模板剂首次合成[122-125]。由于其独特的八元环微孔结构、均一的孔径分布、适度的酸量分布，已经广泛应用于 CO_2 气体吸附分离和甲醇制烯烃(MTO)反应研究中[126-128]。经铜离子交换后的 Cu-SSZ-13 沸石分子筛，在氮氧化物的选择性催化还原(SCR)反应中有优越的活性和选择性，引起了世界各国科研工作者的重视[129-134]。然而，传统方法合成 SSZ-13 分子筛存在一些亟待解决的难题：首先，模板剂 TMAdaOH 的价格昂贵、合成步骤烦琐；其次，由于溶剂的存在，合成过程中釜压较高、污水处理的二次成本提高；最后，传统水热方法合成产率较低。以上这些问题限制了 SSZ-13 沸石分子筛的大规模应用。为了降低 SSZ-13 分子筛的合成成本，作者使用了一种价格低廉、制备方法简便的有机模板剂 *N,N,N*-二甲基乙基环己基溴化铵(*N, N, N*-dimethylethylcyclohexylammonium bromide，DMECHABr)，在无溶剂体系下合成了高硅 SSZ-13 沸石分子筛(S-SSZ-13)[135]。该制备方法操作简单、成本低廉、低毒环保，并避免了大量溶剂的浪费。

XRD 谱图［图 4.2(a)］显示 S-SSZ-13 样品具有典型的 CHA 沸石结构衍射峰，且结晶度很高。扫描电镜照片［图 4.2(b)］显示 S-SSZ-13 样品为很多大小均一、表面光洁的立方状晶体，部分区域形成类似孪晶结构，尺寸为 2～3 μm，比传统水热方法合成的样品小。氮气吸附等温线［图 4.2(c)］属于典型的 I 类型的 Langmuir 吸附曲线，表明经焙烧的 S-SSZ-13 分子筛中存在均匀分布的微孔孔道。在低相对压力区($10^{-6}<p/p_0<0.01$)出现了明显的突升，这是由氮气分子在微孔孔道的吸附造成的。其 BET 比表面积为 584 m^2/g、孔体积为 0.27 cm^3/g，与文献报道的水热方法合成的产品一致。S-SSZ-13 的 ^{27}Al MAS NMR 谱图显示在 56 ppm 处出现谱峰，这归属于骨架的四配位铝离子。同时，在 0 ppm 处没有发现任何谱峰，说明没有骨架外 Al^{3+}存在。样品的 ^{29}Si MAS NMR 谱图分别在−110.7 ppm 和−104.9 ppm 处出现较强的信号峰，分别归属于 Si(4Si)和 Si(3Si)。热重曲线显示在升温初期(低于 400 ℃)出现了 2.74%的微量失重，结合差热曲线在 200 ℃出现的吸热峰，可以推断是由吸附水造成的。当温度处于 400～650 ℃升温阶段时失重明显，失重率达到 12.66%，

与此同时，DTA 曲线出现很强的放热峰，这对应于有机模板剂 DMECHABr 的高温分解过程，证实了 ^{13}C MAS NMR 结果：有机模板剂 DMECHABr 存在于 S-SSZ-13 分子筛中。氢型 S-SSZ-13(S-HSSZ-13)分子筛的 NH_3-TPD 曲线伴随着程序升温出现了 2 个比较明显的脱附峰，说明 S-HSSZ-13 存在强酸中心。

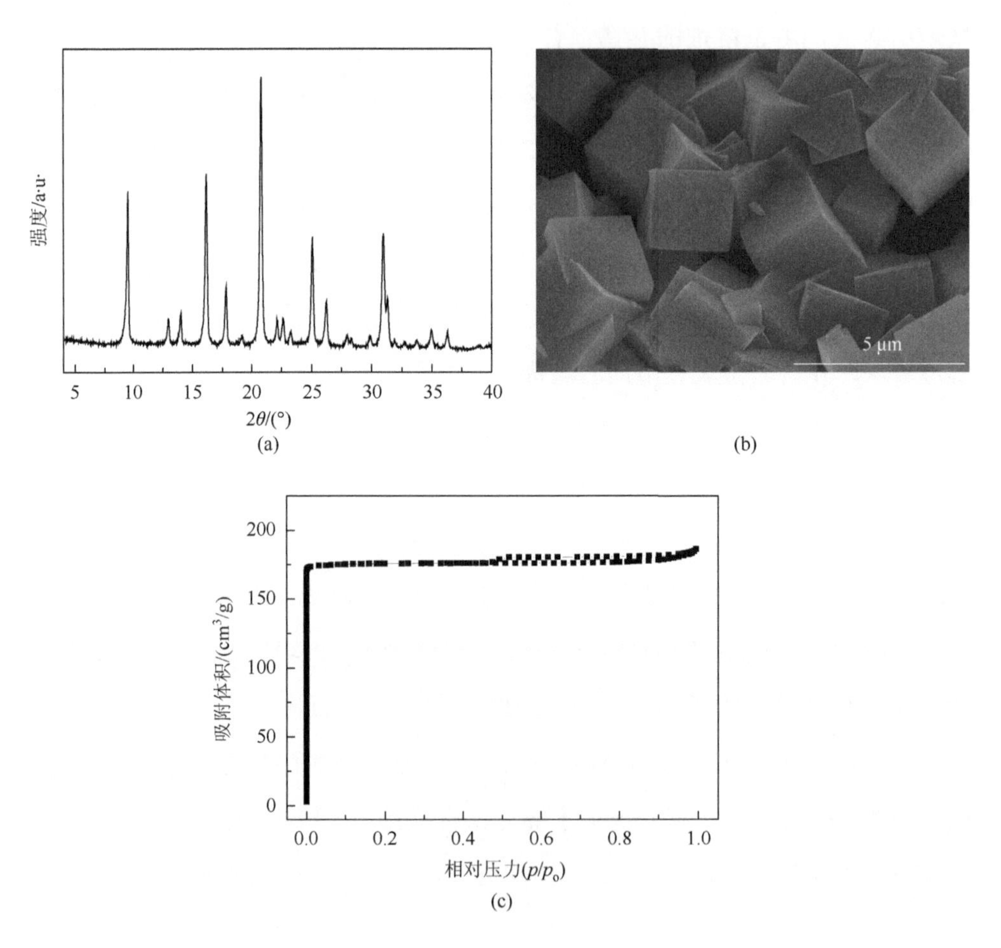

图 4.2　无溶剂合成的 S-SSZ-13 样品的 XRD 谱图(a)、SEM 照片(b)和氮气吸附等温线(c)

XRD 谱图和扫描电镜结果表明，当晶化时间少于 1 天时，产物基本为无定形相，当晶化时间达到 1.5 天时，出现了多个较弱的、归属于 CHA 沸石分子筛的特征衍射峰，同时扫描电镜图片显示出现立方状晶体的迹象，说明有CHA 型分子筛从无定形原料中生长出来。进一步延长晶化时间，XRD 谱图显示产物的结晶度明显地提高至 96.5%，SEM 图片中也出现了大量的立方状晶体。当晶化时间达到 5 天时，XRD 谱图显示样品的结晶度变化不大，为不含杂质的纯相，同时 SEM 图片中可以看到结晶度很高的 SSZ-13 分子筛晶体，说明S-SSZ-13 分子筛的固相转化已经完成。

以 MTO 反应作为模型反应来测试 S-HSSZ-13 和传统水热合成的 C-HSSZ-13 分子筛的催化性能。测试结果表明两者具有一致的反应寿命和催化活性，甲醇的转化率均在 120 min 开始逐渐降低。反应时间为 90 min 时，两种样品的转化率均为 100%，此时 S-HSSZ-13 分子筛给出的产物选择性分别是 22.93%乙烯、36.45%丙烯、12.07%丁烯、17.50%的 $C_{1\sim3}$ 链状饱和烷烃和 11.05%的 $C_{4\sim6}$ 烷烃，而 C-SSZ-13 分子筛给出的产物选择性分别是 28.98%乙烯、34.22%丙烯、12.73%丁烯、11.06%的 $C_{1\sim3}$ 链状饱和烷烃和 13.01%的 $C_{4\sim6}$ 烷烃，均未发现芳香族化合物的存在。通过比较发现，S-HSSZ-13 的乙烯选择性相对较低，丙烯选择性有所提高，同时发现 S-HSSZ-13 分子筛给出的 C_3 烷烃含量较高。

4.3　无溶剂合成磷酸铝分子筛

20 世纪 80 年代，Wilson 等在水热体系中成功创制出了一个全新的微孔分子筛体系——磷酸铝分子筛（$AlPO_4$-*n*）家族[7]，并使许多元素部分取代骨架内的磷和铝，合成出大量的 SAPO-*n*、MAPO-*n* 及 MSAPO-*n* 等系列分子筛，很多已广泛应用于工业生产。例如，SAPO-34 是工业上常用的甲醇制低碳烯烃催化剂[136-138]，SAPO-11 是低碳烷烃及烯烃的骨架异构化、催化裂化和异构脱蜡等的工业催化剂[139, 140]。作者在无溶剂合成硅铝沸石分子筛的基础上成功地拓展到磷酸铝分子筛的无溶剂合成。

4.3.1　无溶剂合成 SAPO-34 分子筛

作者分别以白炭黑、薄水铝石、磷酸二氢铵和吗啡啉为硅源、铝源、磷源和模板剂，采用固相无溶剂合成法合成了 SAPO-34 分子筛(S-SAPO-34)，并系统研究了 S-SAPO-34 焙烧前后的结构变化[141]。由 ^{27}Al NMR 谱图可以看出，样品焙烧前分别在 41.9 ppm 和 10.3 ppm 处有峰，前者对应分子筛骨架内四配位的铝物种[142-144]，后者则对应五配位的铝物种(四配位的铝与模板剂分子配位)[145, 146]。焙烧后 40.4 ppm 处的峰占主体，10.3 ppm 处的峰消失，而在 −8.5 ppm 处出现一个新的峰，其对应六配位的铝物种(四配位的铝与水分子配位)。这可能是由于经过焙烧，四配位铝与模板剂分子之间的配位被消除，取而代之的是四配位铝与水分子之间的配位。S-SAPO-34 与水热合成的 SAPO-34 相比，在 10.3 ppm 处有一个强峰，表明 S-SAPO-34 中铝与模板剂之间有更强的配位作用力，因而更有利于有机模板剂在分子筛骨架内的填充；由 ^{31}P NMR 谱图可以看出，样品焙烧前在−28.5 ppm 处有一个强峰，在−12.9 ppm 和−19.1 ppm 处分别有一个弱峰，前者对应骨架内四配位的磷物种[147, 148]，而后者可能是四配位的磷分别与模板剂分子和水分子的配位[149, 150]。焙烧后样品在−27.6 ppm 与−20.1 ppm 处分别有一个强峰和一个弱峰，而−12.9 ppm 处的峰则已消失，表明焙烧后磷与模板剂之间的配位作用消失；由 ^{29}Si NMR 谱图可以看出，在 −91.8 ppm 处有一个主峰，−96.0～−112.0 ppm 之间有一系列的弱峰，对应骨架内不同配位的硅物种［Si(nAl)，n=4、3、2、1 和 0］，焙烧后这些峰仍然存在，其中四配位的硅物种占主体[151, 152]。焙烧后样品的氮气等温吸附脱附曲线在 $10^{-6} < p/p_0 < 0.01$ 之间有一个突跃，是指氮气在微孔的吸附，在 0.50～0.98 之间可以观察到滞后环的存在，表明样品中既有介孔又有大孔［图 4.3(a)］。由吸附数据得到，S-SAPO-34 的 BET 比表面积、微孔比表面积以及孔体积分别是 459 m^2/g、423 m^2/g 和 0.27 cm^3/g。同时，从 TEM 照片中也可以看出多级孔

(5～50 nm)结构的存在［图 4.3(b)］。由上得出，S-SAPO-34 具有独特的微孔-介孔-大孔结构，这种结构有利于催化反应的传质[153]。

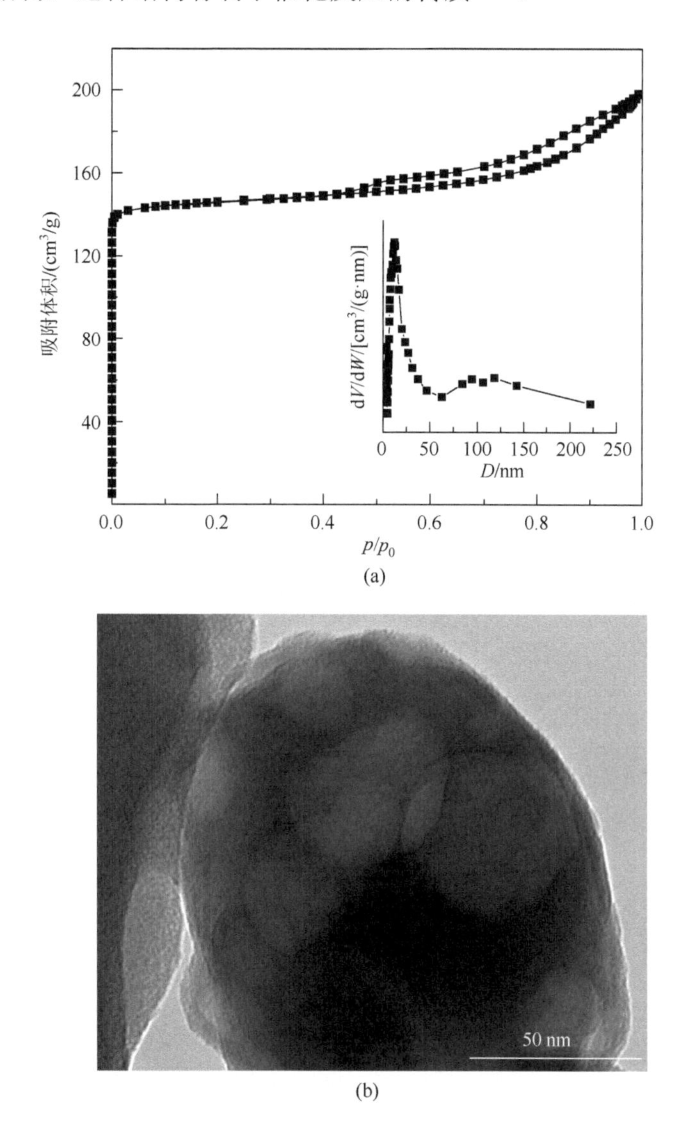

图 4.3　无溶剂合成的 S-SAPO-34 样品的氮气吸附等温线(a)和 TEM 照片(b)

进一步，利用 XRD、SEM 和氮气吸附对 S-SAPO-34 的晶化过程做了系统研究。当未开始晶化时，样品 XRD 谱图上三个尖锐的峰对应的是磷源的特征峰。当晶化 1 h 后，原料峰已经彻底消失，产物呈无定形状态。晶化 2 h 后，产物 XRD 谱图上开始出现典型的 CHA 结构特征峰，表明少量的 S-SAPO-34 已经形成，从 SEM 照片上也可以观察到立方体的 S-SAPO-34 晶体，而样品的氮气吸附曲线只显示了很少量的微孔。当晶化时间从 3 h 延长到 8 h 时，产物的结晶度明显提高，表明样品由无定形相成功固相转化成 S-SAPO-34，其中当晶化时间未到 5 h 时，产物的结晶度已达到 50%，说明这 2 h 之内晶体获得了快速的生长，到 8 h 时，从 SEM 照片中可以看出大部分产物已转化为典型的 CHA 大晶体，同时，从氮气吸附曲线中也得到其微孔量已达到 310 m^2/g。当晶化时间达到 24 h 后，产物的结晶度可高达 99%，说明 S-SAPO-34 的固相转化已基本完成，从 SEM 照片中可以看出产物全部是纯净的 S-SAPO-34 晶体，且随着时间的延长，XRD 谱图上特征峰的强度几乎没有变化。

焙烧后的 S-SAPO-34 的 NH_3-TPD 曲线在 192 ℃和 417 ℃附近出现两个脱附峰，其酸性强度和酸量与常规水热合成的 SAPO-34 相近。MTO 反应结果表明，在 150 min 的时候，S-SAPO-34 仍有 100%的转化率与高的甲醇制烯烃(乙烯、丙烯、丁烯)的选择性，且总的烯烃产率为 88.9%，与常规合成的 SAPO-34(91.3%)相当。同时，与常规 SAPO-34 相比，S-SAPO-34 的乙烯选择性稍低，而丙烯和丁烯选择性则稍高，这是因为 S-SAPO-34 多级孔结构的存在更有利于提高丙烯和丁烯的选择性，降低乙烯的选择性。

4.3.2 无溶剂合成 AEL 结构分子筛

作者分别以白炭黑、薄水铝石和二正丙胺磷酸盐为硅源、铝源和磷源(模板剂)，采用固相无溶剂合成法合成出了 SAPO-11 分子筛，并进一步引入杂原子 Co 和 Mn[154]。这些沸石的 XRD 谱图显示在 2θ 为 8.1°、9.5°、20.5°、21.0°等处均出现了 AEL 结构分子筛的特征峰。在杂原子取代后，峰强度略有降低。SEM 照片表明 S-SAPO-11 为颗粒大小为 0.1～3 μm 的晶体，很多是由小晶体聚集而成的，而 S-CoAPO-11 和 S-MnAPO-11 为 0.2～3 μm 的晶体，很多也是由小晶体聚集而成的。S-SAPO-11、S-CoAPO-11 和 S-MnAPO-11 样品的吸附等温线均在 10^{-6} $<p/p_0<0.01$ 之间呈现明显的吸附，在 0.50～0.95 之间也都可以观察到滞后环的存在，表明样品中既有介孔也有堆积的大孔。S-SAPO-11、S-CoAPO-11 和 S-MnAPO-11 样品的 BET 比表面积分别是 212 m^2/g、175 m^2/g 和 168 m^2/g，它们的孔体积分别为 0.16 cm^3/g、0.14 cm^3/g 和 0.16 cm^3/g。从中可以看出，S-MnAPO-11 分子筛经焙烧后，其孔体积与 S-SAPO-11 相差不大，说明其孔道结构畅通。

作者使用紫外可见漫反射光谱来研究合成的 S-MnAPO-11 样品中的金属配位状态(图 4.4)。S-CoAPO-11 在波长为 530～640 nm 范围内有强的三重吸收峰，分别位于 538 nm、582 nm 和 634 nm。这些吸收峰的产生与高自旋四配位的 Co^{2+} (d^7) 中的 d-d 电子跃迁有关，对应 ${}^4A_2 \rightarrow {}^4T_1(p)$ 的跃迁[155-158]。这三个特征峰的出现充分证实了 Co^{2+}已进入了分子筛骨架。另外，样品呈蓝色，是典型的四配位 Co^{2+}的特征。将 S-CoAPO-11 分子筛进行焙烧，烧后样品变成绿色，同时发现 Co^{2+}典型的三重特征吸收峰强度明显下降，并且在 320 nm 左右和 400 nm 左右出现了两个新的吸收峰，这可能归属于骨架内四配位 Co^{3+} 的特征吸收峰，表明 S-CoAPO-11 分子筛在焙烧过程中有部分 Co^{2+}被氧化成 Co^{3+}[159, 160]，也有可能是 Co^{2+}在焙烧后，其周围的配位环境发生扭曲变化[161]。S-MnAPO-11 主要在 261 nm 左右有一个强的吸收峰，这归属于典型的四面体的 Mn^{2+}。但由于四面体和八面体的 Mn^{2+}在紫外可见光谱上有一定的相似性，因而不能完全排除所合成的样品中存在八面体的 Mn^{2+}[162]。将 S-MnAPO-11 分子筛进行焙烧后发现 Mn^{2+}的特征吸收峰显著增强，且分裂成两个强的吸收峰，分别在 265 nm 和 216 nm(肩峰)，这可能是由于生成 Mn^{3+}，其配位电子从最高被占据轨道跃迁到最低空轨道。与此同时，400～800 nm 范围内还出现了一个很宽的吸收峰(峰顶位置约在 516 nm)，可能与 Mn^{3+}的 d-d 跃迁有关，因为 Mn^{2+}有一个 d^5 的核外电子构型，它的每个 d 轨道都被一个电子占据，无法进行高自旋 d-d 跃迁，而 Mn^{3+}有一个 d^4 的核外电子构型，表明了四面体的 Mn^{2+}经过焙烧可以部分氧化成 Mn^{3+}。

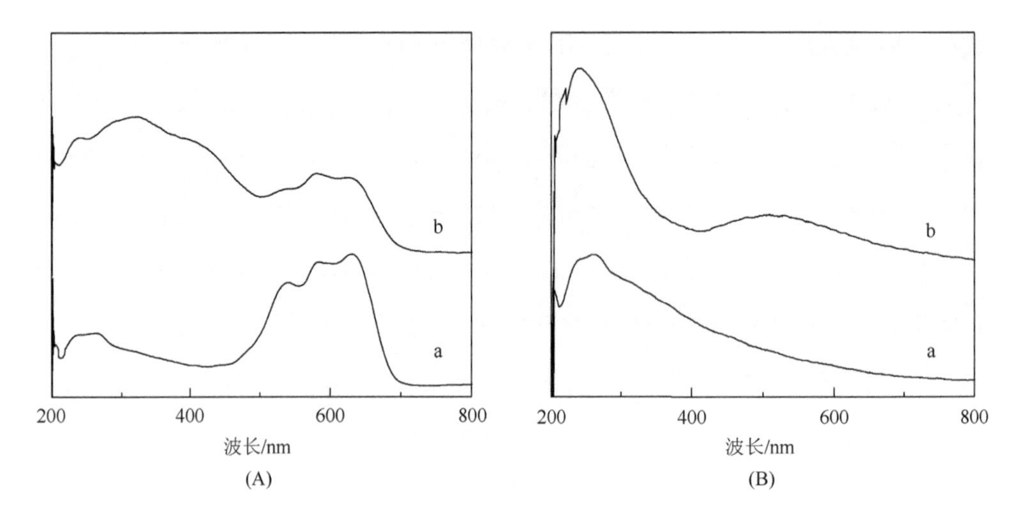

图 4.4　无溶剂合成 S-CoAPO-11(A)和 S-MnAPO-11(B)样品的紫外可见漫反射光谱

a. 焙烧前；b. 焙烧后

4.3.3　无溶剂合成片状 AFI 结构分子筛

无溶剂合成方法同样适用于制备 AFI 结构分子筛，特别是在合成过程中添加一些表面活性剂［如十六烷基三甲基溴化铵(CTAB)］可有效地对分子筛形貌进行控制，得到了片状 $AlPO_4$-5 和 S-SAPO-5 分子筛[163]。添加了表面活性剂 CTAB 后 S-SAPO-5 分子筛的形貌由原本的球状形貌变成了片状形貌(图 4.5)。扫描电镜照片显示，当加入少量 CTAB 时(CTAB/Al_2O_3 摩尔比为 0.015)，样品

(a)

(b)

图 4.5　不同 CTAB 含量下的 S-SAPO-5 的扫描电镜照片

$CTAB/Al_2O_3$ 比例分别为：0(a)、0.015(b)、0.03(c)、0.06(d)、0.12(e)和 0.24(f)

形貌变成了铁饼状；当 $CTAB/Al_2O_3$ 增加到 0.03 时，S-SAPO-5 分子筛的形貌呈 200 nm 厚度的片状；当 $CTAB/Al_2O_3$ 达到 0.24 时分子筛的形貌仍然呈片状，但是片状厚度变得更薄，在 50～70 nm。显而易见，在无溶剂固相合成中 CTAB 的存在对分子筛形貌有很重要的影响，并且在一定的添加范围内控制 CTAB 的添加量，还可以调控片状 S-SAPO-5 的形貌，尤其是片状的厚度。

一般来说，表面活性剂(如 CTAB)是有序介孔材料(如 MCM-41)的典型模板剂[164]，它在水中会形成胶束，从而导致介孔结构的形成。然而，在无溶剂固相合成中，表面活性剂由于缺少水很难形成胶束。因此，在无溶剂固相合成中不能通过表面活性剂形成胶束的原理来解释形成片状形貌的现象。作者认为可能是表面活性剂分子选择性吸附在分子筛晶体的某个表面，阻止了该表面的晶化生长。在无溶剂固相合成过程中加入 CTAB 后，S-SAPO-5 分子筛晶体中的(002)面明显受到抑制，最终使得样品呈现片状。

4.4 无水合成硅铝沸石

需要指出的是，上述无溶剂路线是指在合成过程中不额外加入水或者其他溶剂，但是起始固体原料中还是含有少量结晶水。从实际应用角度来看，少量的水似乎无关紧要，然而从科学角度来说，少量水对于晶化机理的研究却很关键：如果彻底没有水，沸石分子筛是否可以晶化呢？

4.4.1 无水合成系列硅铝沸石

随着氟离子被当作矿化剂来合成沸石，水热合成沸石扩展到了在近中性条件下进行，而且在合成中氟离子的使用有利于富硅沸石的合成。采用无水原料合成沸石也许可以通过氟离子的引入，有效驱动此合成的进行。作者在无水体系中加入氟离子可以有效合成 MFI、*BEA、EUO 及 TON 结构的沸石分子筛[165]。

图 4.6 给出了无水合成 S-silicalite-1 沸石的 XRD 谱图、SEM 照片、氮气吸附等温线和固体 ^{29}Si NMR 谱图。XRD 谱图［图 4.6(a)］显示出了典型的 MFI 型结构谱峰，SEM 照片［图 4.6(b)］显示出了完美的 S-silicalite-1 沸石晶体，差热-热重曲线显示在 250～500 ℃有强的放热峰，同时有 12.37%失重，这归因于沸石骨架中 TPA^+的分解。在 550 ℃条件下焙烧 5 h 后，S-silicalite-1 沸石的氮气吸附等温线如图 4.6(c)所示，为典型的 Langmuir 型吸附等温线，相应的S-silicalite-1 沸石的BET 比表面积以及微孔孔体积分别为423 m^2/g 和0.18 cm^3/g，这些参数与水热条件下所合成的沸石相一致。图 4.6(d)给出了 S-silicalite-1 沸石的固体 ^{29}Si NMR 谱图，它的谱峰分别在−117.6 ppm、−115.6 ppm、−113.3 ppm、

−112.5 ppm、−110.0 ppm 以及−108.8 ppm 位置，前五个峰归属于 Q^4 硅物种，而在−108.8 ppm 峰位置的则归属于 Q^3 硅物种，低含量的 Q^3 硅物种表明所合成的 S-silicalite-1 沸石具有高的结晶度。固体 ^{19}F NMR 谱图在−62.7 ppm 位置给出了一个较强的谱峰，这说明氟物种主要位于 S-silicalite-1 沸石骨架的笼[$4^1 5^2 6^2$]中[166-168]。在合成 S-silicalite-1 沸石的过程中，NH_4F/SiO_2 和 $TPABr/SiO_2$ 的摩尔比对沸石的晶化很重要，当 NH_4F/SiO_2 的比例低于 0.05 或者 $TPABr/SiO_2$ 的比例低于 0.02 时，所得到的产物包含无定形相，合成 S-silicalite-1 沸石合适的 NH_4F/SiO_2 和 $TPABr/SiO_2$ 比例分别为 0.15 和 0.035。

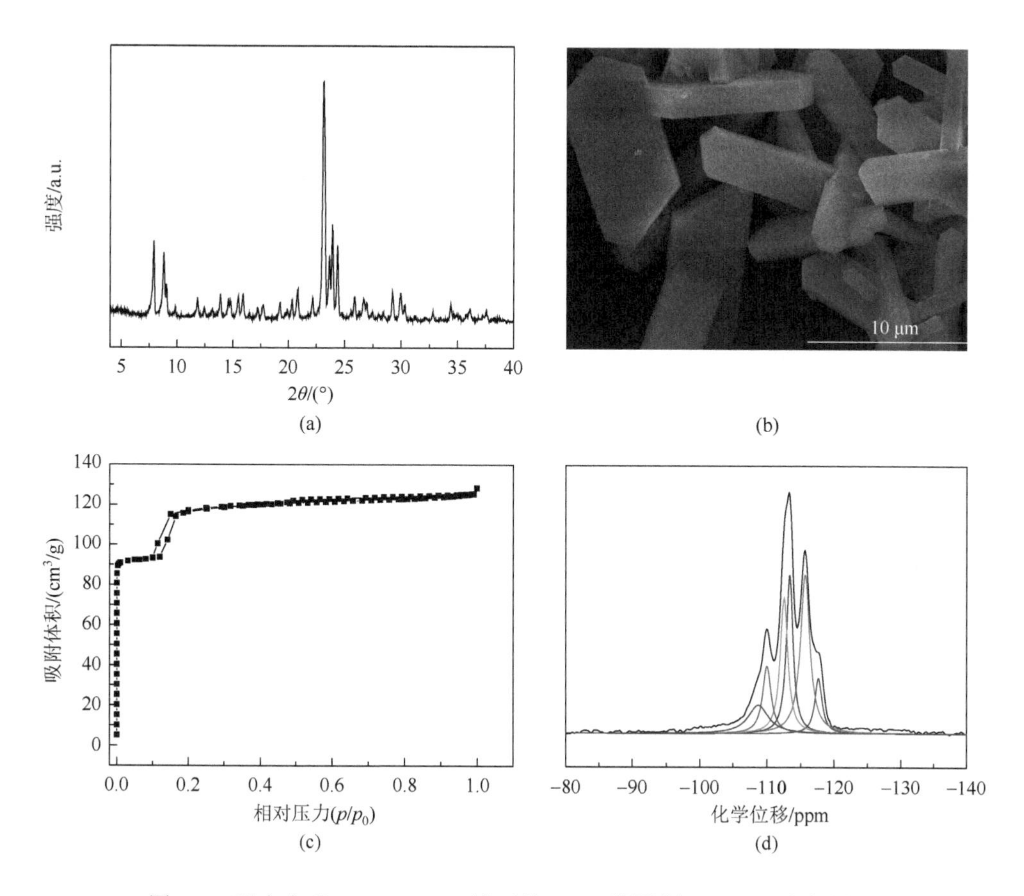

图 4.6　无水合成 S-silicalite-1 沸石的 XRD 谱图(a)、SEM 照片(b)、氮气吸附等温线(c)和固体 ^{29}Si NMR 谱图(d)

4.4.2 无水合成 S-silicalite-1 沸石的晶化过程

图 4.7 给出了 S-silicalite-1 沸石晶化过程中的 XRD 谱图和固体核磁谱图。在整个晶化过程中，样品始终保持一种固相的状态，意味着该过程是固相转化。XRD 谱图［图 4.7(A)］表明在 180 ℃晶化 2.5 h 以后，样品出现了很小的 MFI 谱峰，表明有少量的 S-silicalite-1 沸石生成，并通过 SEM 照片进一步获得了证实；增加晶化时间到 15 h，XRD 谱图的峰强度逐渐增强［图 4.7(A)-d～h］。当晶化时间超过 15 h 时，XRD 峰强度已经没有明显变化，这表明在 15 h 时 S-silicalite-1 沸石就已经完全晶化，并进一步通过 SEM 得到了确认。

固体 ^{29}Si NMR 谱图表明，在晶化过程中 Q^3 硅物种逐渐转化为 Q^4 硅物种。起始无水固体混合物的固体 ^{19}F NMR 谱图在−126.6 ppm 处出现谱峰，这归属于

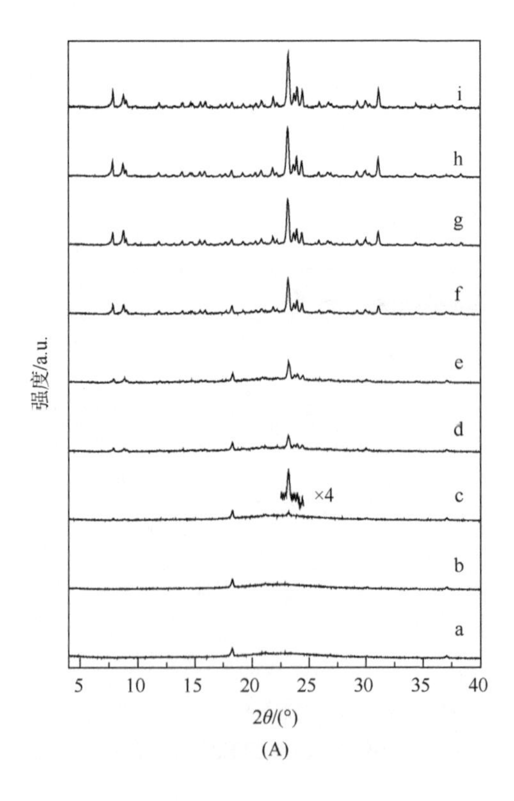

(A)

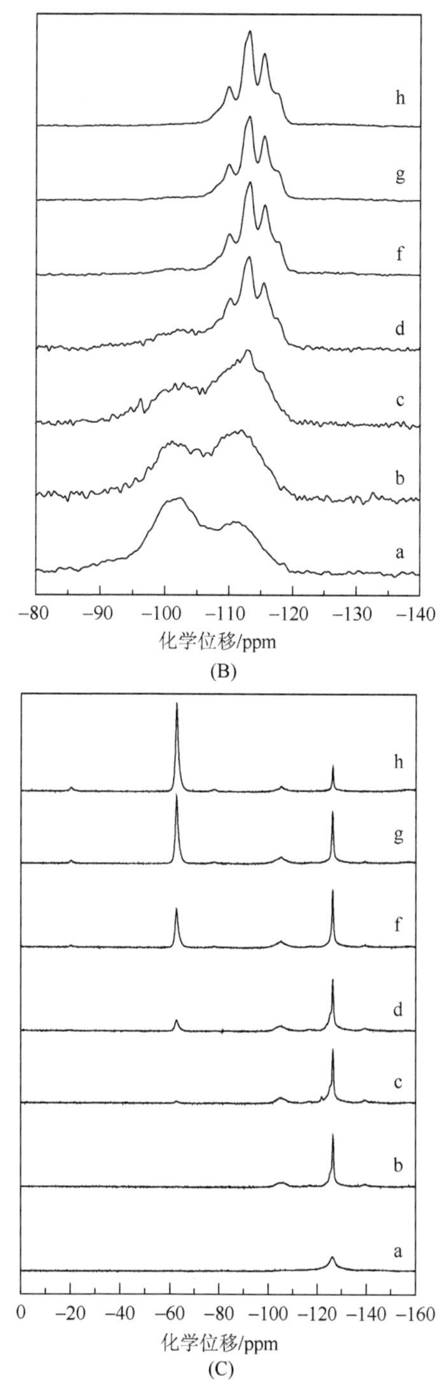

图 4.7　无水合成 S-silicalite-1 沸石晶化过程中的 XRD（A）、^{29}Si NMR（B）和 ^{19}F NMR（C）谱图

晶化时间依次为 0 h（a）、2 h（b）、2.5 h（c）、3 h（d）、4.5 h（e）、6 h（f）、9 h（g）、15 h（h）和 18 h（i）

SiF_6^{2-} 的存在。然而在晶化 2.5 h 以后，出现了一个新的峰，位于–62.7 ppm，这归属于在 MFI 结构的笼$[4^15^26^2]$中的氟离子。有意思的是，这个峰的强度随着结晶度的增强而增强，表明这个物种在合成 S-silicalite-1 沸石的过程中起了很重要的作用，作者认为 S-silicalite-1 沸石的晶化是由 SiF_6^{2-}转化成在笼$[4^15^26^2]$中的氟离子所驱使的。

基于以上结果作者提出氟离子(F^-)在起始阶段使硅源解聚得到中间产物六氟硅酸根(SiF_6^{2-})和相应量的水，六氟硅酸根在模板剂的诱导下通过消耗上一步得到的少量水而缩聚得到相对应的结构单元并组装成相对应的沸石产物，同时产生了在起始步骤被消耗的氟离子。在这个过程中水伴随着六氟硅酸根的产生被消耗掉，完成硅源的解聚和缩聚过程。

上述无溶剂合成沸石分子筛的结果揭示了水在沸石晶化过程中的重要性，其作用随加入量不同而有所变化：在加入量比较多的时候，水主要是溶剂；在加入量比较少的时候，水的作用是在起始过程中使硅源解聚，类似于“催化剂”；而在完全无水的条件下，水在沸石晶化过程中依然会产生并随后被消耗，成为晶化过程中的“中间体”。

4.5　无溶剂合成沸石分子筛的意义

水(溶剂)热合成是经典分子筛制备路线的核心，无溶剂合成沸石分子筛打破传统方法的固有概念，对分子筛的绿色合成做出突破性的贡献，受到了国际同行的高度关注。国际分子筛学会理事会理事，英国 Morris 教授专门在 *Angewandte Chemie-International Edition* 上以“无溶剂合成沸石”为题撰写亮点文章，高度评价了无溶剂合成沸石的创新性和学术价值。他指出，“任丽敏及其合作者的论文是令人注目的，因为过去有很多科研人员尝试无溶剂合成沸石分子筛都没有成功”。他还指出，“考虑到过去有很多科研人员尝试无溶剂合成沸石分子筛都没有成功，这些结果是令人吃惊的。无溶剂合成沸石的成功也对传统沸石分子筛晶化机理提出了很多问题”。*Chemical & Engineering News* 杂志以“无溶剂沸石”为题，对无水合成沸石分子筛做了报道并指出，“与传统水热合成方法相比，无溶剂合成方法简化了合成工艺并提高了产率”。

第 5 章　无溶剂合成路线的拓展

5.1　结合无溶剂与无有机模板剂路线合成硅铝沸石及其晶化机理的初步研究

第 3 章简述了无有机模板剂条件下晶种法合成系列硅铝沸石的晶化过程和机理，而第 4 章总结了无溶剂合成硅铝沸石分子筛。本章中，作者尝试将这两种方法结合起来[169]，实现了沸石合成的进一步绿色化。

5.1.1　无溶剂与无有机模板剂路线合成 Beta 沸石

将固体硅源、铝源、碱以及 Beta 沸石晶种混合研磨，在 120 ℃条件下晶化就可以得到 S-Beta 沸石。XRD 谱图给出了一系列关于 S-Beta 沸石的特征峰，SEM 展示了 S-Beta 沸石的晶体形貌，氮气吸附曲线表明其为典型微孔吸附的 Langmuir 型等温线，BET 比表面积及微孔孔体积分别为 464 m^2/g 和 0.21 cm^3/g。固体 ^{29}Si NMR 谱图给出了分别在−115.0 ppm、−110.3 ppm、−104.7 ppm 以及−98.2 ppm 处的四个峰，其中−115.0 ppm 和−110.3 ppm 归属于 Si(4Si)物种，−104.7 ppm 归属于 Si(3Si,1Al)或 Si(3Si,1OH)物种，−98.2 ppm 则归属于 Si(2Si,2Al)、Si(2Si,1Al,1OH)或 Si(2Si,2OH)物种。ICP 分析显示 S-Beta 沸石的硅铝比约为 5.9。

值得指出的是，Beta 沸石晶种、SiO_2/Na_2O 以及 SiO_2/Al_2O_3 在晶化中起了很重要的作用。如果起始固体混合物中没有 Beta 沸石晶种，得到的产物是无定形相或者丝光沸石。当 SiO_2/Na_2O 低于 4.52 时，得到的产品中有 P 型沸石和丝光沸石杂相；当 SiO_2/Na_2O 高于 5.67 时，得到的产品为丝光沸石。当

SiO_2/Al_2O_3 小于 12 时，得到的产品有 P 型沸石和丝光沸石杂相；将 SiO_2/Al_2O_3 提高至 17 时，就能得到较纯的 S-Beta 沸石。

为了更好地理解 S-Beta 沸石的合成，它的晶化过程通过 XRD、SEM、紫外拉曼以及固体 NMR 技术进行了详细的研究(图 5.1)。在晶化之前，样品 XRD 谱图显示出了少量晶种的存在。晶化 48 h 后，出现了较强的 Beta 沸石的衍射峰，同时少量的结晶产物通过 SEM 被观察到。将晶化时间增加至 168 h，XRD 的衍射峰继续增强，同时更多的沸石晶体被观测到。当晶化时间延长到 216 h 时，高结晶度的 S-Beta 沸石即可获得。

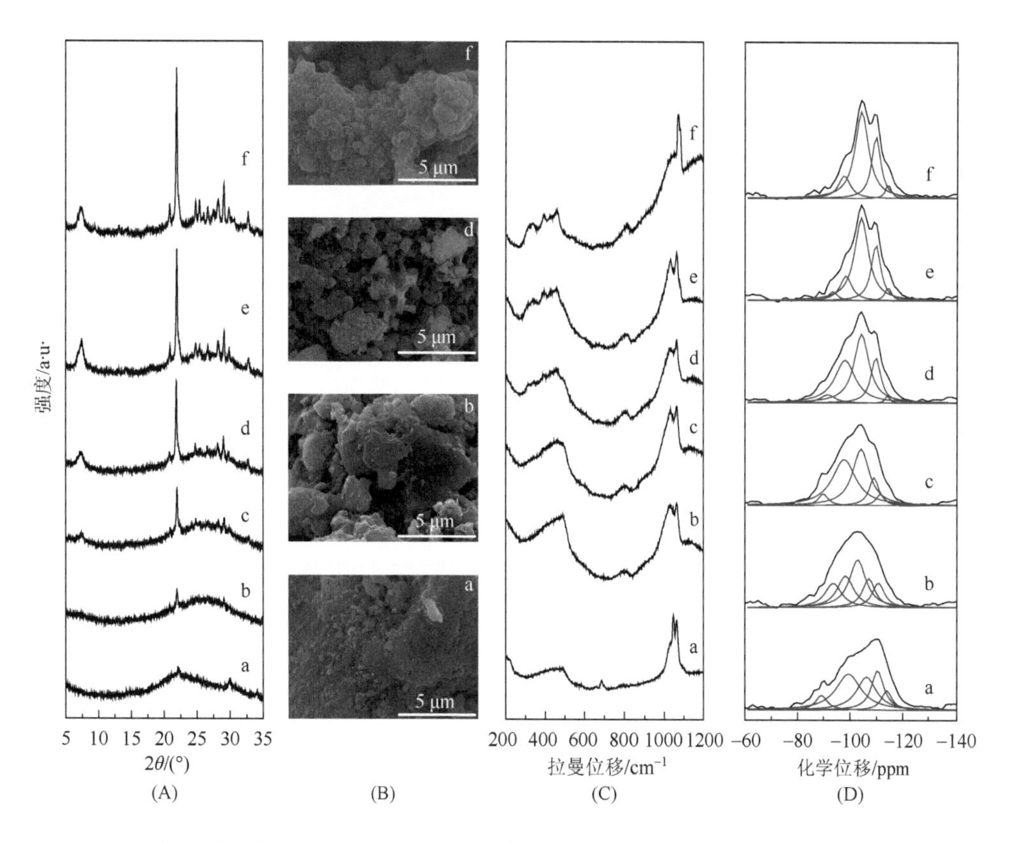

图 5.1　无有机模板剂和无溶剂合成 S-Beta 沸石晶化时间在 0 h(a)、48 h(b)、96 h(c)、120 h(d)、168 h(e)和 216 h(f)的 XRD 谱图(A)、SEM 照片(B)、紫外拉曼谱图(C)和 ^{29}Si 核磁谱图(D)

不同晶化时间的紫外拉曼谱图显示，起始的硅铝固体混合物在 493 cm^{-1} 处显示有一个很宽的谱峰，即使起始固体混合物中没有 Beta 沸石晶种，此峰仍然存在，这意味着此峰不是 Beta 沸石晶种所产生的，是固体混合物产生的，归属于硅铝四元环。加热后，此谱峰逐渐位移至 485 cm^{-1}，这是由沸石结构单元的重排和自组装所导致的。在晶化 96 h 后，紫外拉曼谱图上出现了一系列的峰，其中 342 cm^{-1} 的峰归属于六元环，396 cm^{-1} 的峰归属于五元环，431 cm^{-1}、460 cm^{-1}、485 cm^{-1} 的峰归属于四元环。增加晶化时间到 216 h 时，S-Beta 沸石在 342 cm^{-1}、396 cm^{-1}、431 cm^{-1} 以及 460 cm^{-1} 出现系列特征峰。与此同时，在峰位置为 485 cm^{-1} 的特征峰完全消失，该现象表明 S-Beta 沸石是由在 485 cm^{-1} 峰位置的沸石结构单元重组形成的。通常情况下，四元环、五元环、六元环是构建 Beta 沸石的基本结构单元[170, 171]，然而在紫外拉曼谱图中，起始的固体混合物中主要是四元环，这意味着四元环是 S-Beta 沸石晶化的有效单元，而五元环和六元环并不存在于起始混合物中，仅仅是在 S-Beta 沸石骨架形成之后观察到的。

不同晶化时间的 S-Beta 沸石的固体 ^{29}Si 和 ^{27}Al 核磁谱图也显示出，在晶化之前，Si(2Si) 物种是占主导的，为 36.1%。晶化 48 h 后，Si(2Si) 物种的含量降到 21.5%，而 Si(3Si) 物种的含量增加到 33%，这些现象归因于沸石结构单元的重排。同时，固体 ^{27}Al 核磁谱图显示在 50～70 ppm 有一个宽的谱峰，这主要归属于 Al(3Si) 和 Al(4Si) 物种。值得注意的是，Si(2Si) 物种的含量在晶化 48～96 h 的时候是增加的，而在晶化 96～216 h 的时候是减少的，Si(2Si) 物种的富集归因于体系中少量水的存在使硅物种水解，而随着晶化时间的延长，Si(2Si) 物种急剧地减少，这归因于 Si(2Si) 物种的缩合。晶化 216 h 后，固体 ^{29}Si 核磁主要显示两个在峰位置−104.7 ppm 和−110.5 ppm 处的谱峰。同时，固体 ^{27}Al 核磁在 57 ppm 显示了一个峰，对应于骨架中四配位的铝物种。

从以上观察可以发现，S-Beta 沸石晶体主要是由四元环基本结构单元组装而形成的。在这个过程中，少量水在整个合成过程中起了很重要的作用，它使得硅物种能够水解和缩合。

5.1.2　无溶剂与无有机模板剂路线合成 MFI 沸石

将固体硅源、铝源、碱以及 ZSM-5 沸石晶种混合研磨，在 180 ℃条件下也可以晶化得到 S-ZSM-5 沸石。S-ZSM-5 沸石的晶化过程通过 XRD、SEM、紫外拉曼光谱以及固体 NMR 技术进行了详细研究(图 5.2)。与 S-Beta 沸石类似，不同晶化时间的样品表明 S-ZSM-5 沸石的合成也是一个固相转化的过程。在晶化之前，XRD 谱图表明晶种的存在。晶化 3 h 后，XRD 谱图显示出 ZSM-5 沸石的谱峰变弱，这意味着 ZSM-5 沸石晶种在碱性的固体混合物中部分溶解。延长晶化时间至 5.5 h，衍射峰又逐渐变强，这意味着 S-ZSM-5 沸石的生长，同时，典型的 ZSM-5 沸石晶体可以从 SEM 照片中观测到。增加晶化时间到 9 h，XRD 峰强继续变强，相对应的是有更多的 S-ZSM-5 沸石晶体形成。当晶化时间延长至 13 h 时，合成的 S-ZSM-5 沸石的结晶度已经没有变化。S-ZSM-5 沸石在不同晶化时间的紫外拉曼谱图显示，晶化之前的样品在 380 cm^{-1} 处有一个弱峰，另外还有两个强峰，峰位置分别在 455 cm^{-1} 和 995 cm^{-1}。两个强的谱峰归属于硫酸根物种，而弱的谱峰归属于五元环，这是由加入的 ZSM-5 沸石晶种所产生的。如果没有晶种加入起始固体原料中，在 380 cm^{-1} 处没有任何谱峰。在晶化 9 h 之后，样品在峰位置 380 cm^{-1} 显示了很强的谱峰，这归属于 S-ZSM-5 沸石骨架的五元环特征峰，这些结果意味着骨架中的五元环是在 S-ZSM-5 沸石的晶化过程中形成的。延长晶化时间至 17 h，样品的紫外拉曼谱图给出了更强的谱峰，这与增强的结晶度相一致。这些结果确认了五元环是在 S-ZSM-5 沸石的晶化过程中形成的。

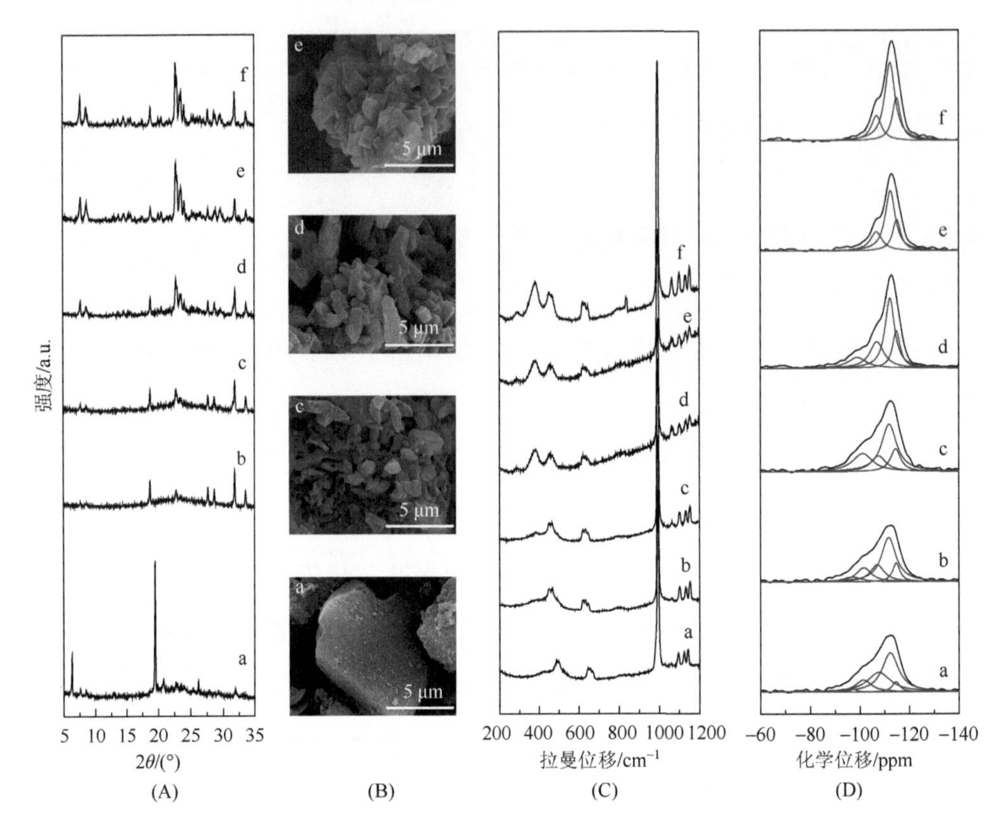

图 5.2　无有机模板剂和无溶剂合成 S-ZSM-5 沸石在晶化时间 0 h(a)、3 h(b)、5.5 h(c)、9 h(d)、13 h(e)和 17 h(f)的 XRD 谱图(A)、SEM 照片(B)、紫外拉曼谱图(C)和 ^{29}Si 核磁谱图(D)

不同晶化时间的 S-ZSM-5 沸石的固体 ^{29}Si 和 ^{27}Al 核磁谱图显示晶化之前 Si(4Si)和 Si(3Si)物种的强度占主导(52.4%和 32.1%)。晶化 3 h 之后，Si(3Si)物种的强度变弱(18.2%)，这主要是由于在固体混合物中硅物种在少量水的存在下发生了水解，同时，Si(4Si)物种的谱峰强度略微增加(59.2%)，这是由硅物种的缩合所导致的。增加晶化时间至 9 h，Si(4Si)物种的谱峰强度逐渐变强，这是由 S-ZSM-5 沸石晶化所导致的。当晶化时间超过 13 h 时，Si(4Si)物种的谱峰强度没有明显变化，这意味着 S-ZSM-5 沸石晶化已经完成。固体 ^{27}Al 核磁给出的谱峰位置都在 55 ppm 左右，这是典型四配位的铝物种所形成的。

在上述 ZSM-5 晶化过程中，除了少量晶种在体系中产生了五元环外，在起始的固体混合物中观察不到有其他五元环的存在，说明五元环只是在 S-ZSM-5 沸石晶化的过程中产生的。因此，五元环不是 S-ZSM-5 晶体生长的基本结构单元，这一点与传统的观点有些不同。少量的水在合成 S-ZSM-5 沸石的过程中起了很重要的作用，这可以通过 Si(3Si)物种强度的变化而观察到，而此强度的变化是由硅物种在晶化过程中的水解和缩合所导致的。

5.2　无溶剂路线研究分子筛晶化过程中间体

分子筛的晶化机理和其中的化学问题主要包括诸如硅、铝、磷等原料在晶化前的聚合状态及其相互间的聚合反应规律，成核与晶化过程中的模板效应或结构导向作用等。由于上述过程的复杂性，晶化机理中的部分规律与现象尚无确切的定论，或认识得不够完整深入，或存在争议。其中一个主要原因在于研究方法或技术手段尚满足不了对上述科学问题的完整认识。例如，谱学手段虽然能提供丰富的原子、分子水平上的结构信息，但也存在进一步提高检测灵敏度和分辨率的挑战。在研究分子筛晶化机理时，由于传统的合成方法大量使用溶剂(水)，晶化过程的中间体微弱的信号往往会被水的噪声掩盖，无法准确高效地检测和证实中间体的产生、反应和转变。而无溶剂合成方法则可以最大限度地避免水的干扰，可以有效地应用在晶化过程中间体的检测领域。最近，作者在无溶剂合成条件下将多量子相关双共振固体核磁(J-HMQC $^{27}Al/^{31}P$)技术结合紫外拉曼光谱用于经典的 $AlPO_4$-5 沸石分子筛晶化机理的研究[172]。

无溶剂合成 $AlPO_4$-5 沸石的晶化过程通过 XRD、SEM、紫外拉曼光谱以及固体 NMR 技术进行了详细的表征。在晶化初级阶段，样品 XRD 谱图显示了无定形状态，这说明在刚开始加热 1 h 时，原料物种逐渐相互作用转化为无定形产物，但还没有 $AlPO_4$-5 晶体生成。晶化 1.5 h 后，出现了较弱的 $AlPO_4$-5 沸石的衍射峰，同时少量的结晶产物通过 SEM 被观察到。将晶化时间增加到 2 h，XRD 的衍射峰继续增强，同时更多的沸石晶体被观测到。当晶化时间延长到 24 h 时，高结晶度的 S-$AlPO_4$-5 分子筛即可获得。不同晶化时间的紫外拉曼谱图显示在晶化 1 h 时固体混合物在 498 cm^{-1} 处有一个很宽的谱峰，归属于四元环。加热时间增加到 1.5 h，407 cm^{-1} 处出现较弱的谱峰，归属于 Al—O—P 物种中扭曲的六元环。此谱峰在加热时逐渐地位移至 401 cm^{-1}，这是沸石结构单元的重排和自组装所导致的。晶化 2 h 后，紫外拉曼谱图上出现了十二元环的特征峰(260 cm^{-1})。增加晶化时间到 24 h 时，S-$AlPO_4$-5 在 260 cm^{-1}、401 cm^{-1} 以及 498 cm^{-1} 处的谱峰强度逐渐增强，说明沸石的晶体结构逐渐完美。同时说明在加热初始阶段，无定形产物中含有四/六元环结构的物种[173-176]。

^{1}H-^{13}C CP NMR 实验用来研究二正丙胺(DPA)和四乙基溴化铵(TEABr)在 $AlPO_4$-5 晶化过程中的作用。未晶化之前，由于原料中 DPA 的物质的量比 TEABr 多，所以谱图中的峰均为 DPA 中的甲基和亚甲基的特征峰。晶化时间为 1 h 时，在 53.2 ppm 和 7.2 ppm 处的峰归属于 TEABr 的亚甲基及甲基[177]。增加晶化时间到 1.5 h，DPA 的峰强度明显下降，可能原因是二正丙胺磷酸盐分解为 DPA 和磷酸。同时，生成的磷源和铝源键相互连接形成 Al—O—P 物种。随着晶化时间的继续增加，DPA 的峰强度逐渐减弱，而 TEABr 的峰强度逐渐增加。完全晶化时的谱图中没有 DPA 的峰，说明在 $AlPO_4$-5 晶化过程中仅仅是 TEABr 充当了模板剂，而非 DPA。

不同晶化时间的 S-$AlPO_4$-5 沸石的固体 ^{31}P 和 ^{27}Al 一维核磁谱图显示在晶化之前均为原料峰。晶化 1 h 后，^{27}Al 核磁谱图中出现 42.6 ppm 的峰，对应四面体铝物种。随着晶化时间的增加，该峰位移到 38.4 ppm 处且强度逐渐增加，这归结于沸石结构单元的重排和自组装。而相对应的 ^{31}P 核磁谱图中在晶化 1 h 后出现化学位移为−12.2～−15.4 ppm 的宽峰以及−18.9 ppm 的尖峰，说明在无定形相中存在多种 Al—O—P 物种，而–18.9 ppm 处的峰归属于 $P(OAl)_3(=O)$ 或 $P(OAl)_3(—OH)$ 物种。延长晶化时间到 1.5 h，–27.9 ppm 处的尖峰归属于 $P(OAl)_4$ 物种。同时，化学位移为–12.2～–15.4 ppm 的峰强度降低。晶化 3 h 后，^{31}P 核磁谱图中只有一个在–29 ppm 处的峰，这对应于 $AlPO_4$-5 分子筛骨架中四面体的磷物种[178]。

为了更深入地研究在晶化初始阶段的中间物种的结构信息，采用了 J-HMQC $^{27}Al/^{31}P$ 核磁技术来测定 P 和 Al 的相关信息（图 5.3）。晶化之前，没有相关信号出现，说明此时并没有 Al—O—P 物种存在。当晶化 1 h 时，^{31}P 核磁谱中的–12.2～–15.4 ppm 和 ^{27}Al 核磁谱中的–4.8～–1.0 ppm 的相关信号对应为中间物种的线型四面体 Al 和 P 物种。而 ^{31}P 核磁谱中–18.5 ppm 和 ^{27}Al 核磁谱中的–4.8～–1.0 ppm 的强相关信号归属为中间物种中形成四/六元环的四面体 Al 和 P。同时也观察到，该无定形相中有四/六元环的物种占主要组成部分，这是 AFI 分子筛的成核阶段。晶化时间为 1.5 h 时，^{31}P 核磁谱中化学位移在–18.5 ppm 处的 Al—O—P 物种几乎完全被消耗，产生 ^{31}P 核磁谱中化学位移在–22 ppm 和–29 ppm 处的相关信号，说明中间物种逐步转化为沸石分子筛。增加晶化时间后，骨架中磷铝的相关信号逐渐增强，对应为骨架结构越来越完美。通过理论计算得到中间物种中四/六元环的化学位移为 ^{27}Al 核磁谱中的–2.8～–7.0 ppm 和 ^{31}P 核磁谱中的–16.3～–17.0 ppm，与实验结果 ^{27}Al 核磁谱（–1.0～–4.8 ppm）和 ^{31}P 核磁谱（–18.5 ppm）相符[179]。

基于以上的紫外拉曼和 NMR 谱学（包括 J-HMQC $^{27}Al/^{31}P$）结果，作者提出，在 $AlPO_4$-5 的晶化过程中，初始原料首先产生四元环和六元环，这些四/六元环会自组装成由四/六元环构成的链状中间物种，该中间物种会在模板剂的作用下逐渐自组装成孔道状的结构片层，并进一步生长成具有 AFI 结构的结构片层，最终晶化成具有完整结构的 AFI 晶体。作者在这个过程中高效地监测并分析了四/六元环结构的 Al—O—P 物种起始状态及其自组装的过程，并通过理论模拟证实关键的中间物种是含有四/六元环的微观一维

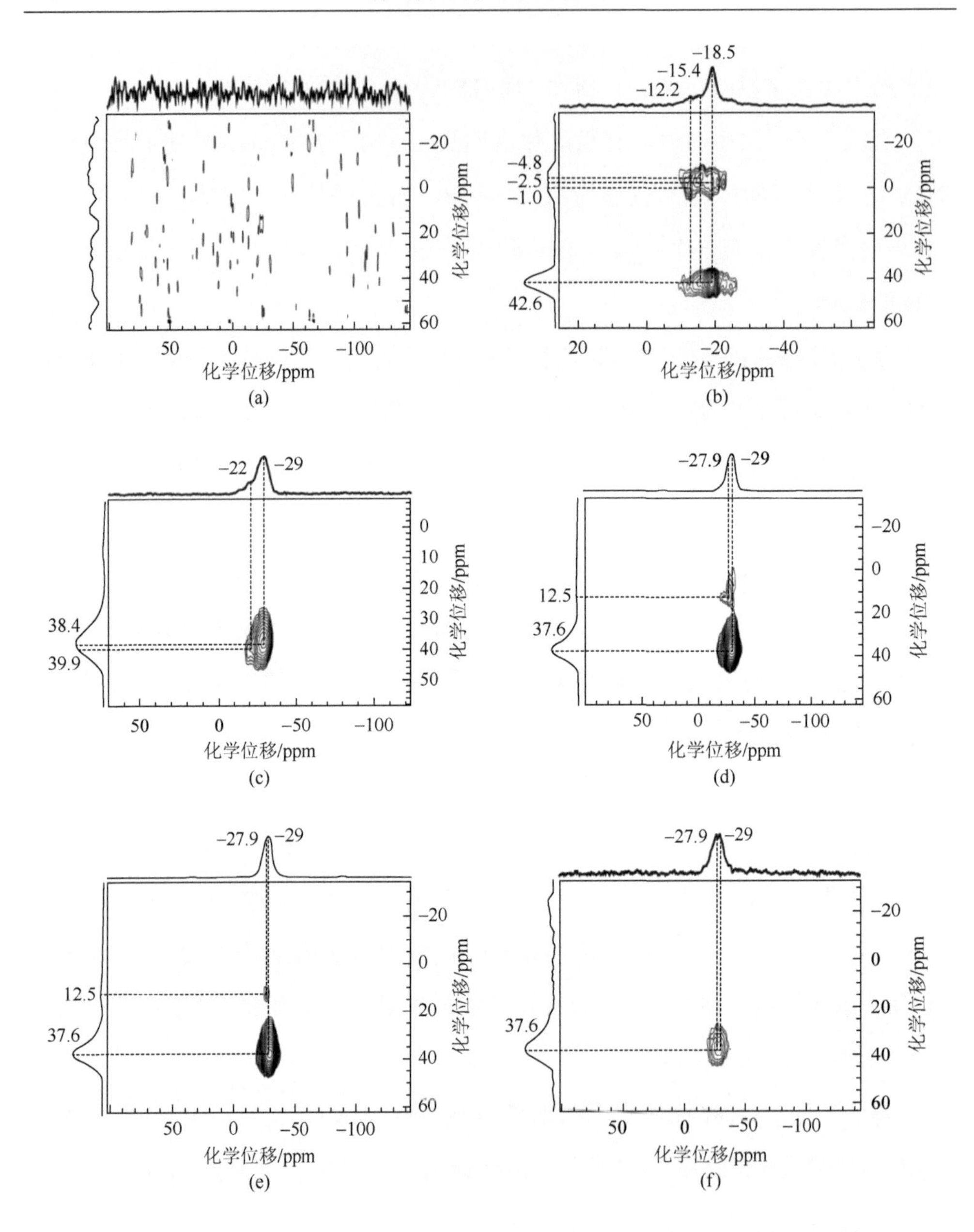

图 5.3　无溶剂合成 $AlPO_4$-5 沸石在晶化时间 0 h(a)、1 h(b)、1.5 h(c)、3 h(d)、24 h(e)和 24 h(焙烧)(f)的 J-HMQC $^{27}Al/^{31}P$ 谱图

结构(该结构只产生并存在于晶化前期的一个较短的时间窗口内)，而不是传统结论认为的后期稳定的三维结构。

5.3　高温快速合成沸石分子筛

高时空产率一直是工业界分子筛生产追求的目标。实现高时空产率需要两个条件：①高的时间产率，即在一定空间内提高单位时间产率，即快速晶化生长；②高的空间产率，即在一定时间内，提高反应容器效率。传统水热方法合成由于大量溶剂的存在无法达到高的空间利用率，而无溶剂合成可以提高容器内部空间利用率，从而提高空间产率。而要提高时间产率，就动力学角度而言需要提高晶化温度，但是在水热条件下提高晶化温度往往会导致两个问题：①溶剂在高温下的高压。例如，在 120 ℃晶化分子筛时，釜内的压力一般小于 2 atm；但是到了 180 ℃时，釜内压力会超过 10 atm；而到了 220 ℃，釜内的压力则达到了 23 atm。所以工业上为了安全，晶化温度往往会小于 220 ℃。②模板剂的高温不稳定性。较高的晶化温度往往会导致模板剂的分解而不能合成相应的分子筛。无溶剂合成的一大优势则是大大降低了反应容器内部的压力，例如，在 180 ℃晶化合成 ZSM-5 时，釜内压力小于 2 atm。有文献报道，模板剂为固体凝胶(或颗粒)时其热稳定性要高于溶液状态。作者认为使用无溶剂合成可以实现分子筛的高温高效合成，从而提高时间产率并最终大大提高时空产率[180]。

作者选择了 RUB-36 沸石作为合成目标，该沸石分子筛在常规水热条件下 140 ℃需要晶化 14 天[181, 182]，而作者在 200 ℃无溶剂合成该沸石仅仅需要 36 h，时空产率从 5 kg/(m^3·d)提高到了 178 kg/(m^3·d)。而在相同的温度下，水热晶化 36 h 甚至 21 天都无法得到 RUB-36，原因主要是模板剂已经分解。为了详细表征 RUB-36 在高温合成的过程，作者使用 XRD、SEM 以及 ^{29}Si 核磁谱图等方法研究了 C-RUB-36(常规水热合成 RUB-36)、S-RUB-36-140(在 140 ℃无溶剂合成)和 S-RUB-36-180(在 180 ℃无溶剂合成)的高温晶化过程，并进行了详细表征，发现 S-RUB-36-180 经过 72 h 可以得到完美的晶体。比较 S-RUB-36-140、S-RUB-36-180 以及 C-RUB-36 的晶化曲线，可以发现更高的温度导致更快的合成速度。值得指出的是，传统水热方法合成 RUB-36 在高于 140 ℃时只能得到无定形相，这可能与模板剂的稳定性有关。作者比较了原始模板剂、S-RUB-36-180 样品的模板剂以及水热配方在 180 ℃条件下晶化 3 d 之后的模板剂的 ^{13}C 核磁谱图。原始模板剂的 ^{13}C 核磁谱图具有 7.2 ppm、49.2 ppm、59.0 ppm 三个峰，对应着 $DMDEA^+$(二甲基二乙基铵)的三个特征峰。S-RUB-36-180 的 ^{13}C 核磁谱图具有 8.6 ppm、52.2 ppm、59.0 ppm 三个峰，与 $DMDEA^+$的特征峰基本一致，略微的偏移可能是由模板剂与 S-RUB-36-180 骨架结合造成的。但是水热配方在 180 ℃条件下晶化 3 d 后的模板剂多了很多小峰，而且主要在低化学位移处，说明模板剂已经在此温度下发生了霍夫曼消除而分解[183]，这也和文献报道的一致[184-186]。相对照的是，无溶剂合成条件下由于没有水作为溶剂，无法进行霍夫曼消除，合成 RUB-36 的模板剂在更高温度区间内仍然可以保持温度，实现高温无溶剂合成 RUB-36 沸石分子筛。

高温快速合成沸石分子筛的策略也可以推广到其他沸石分子筛的合成(表 5.1)。例如，在 240 ℃仅 0.5 h 可以合成 MFI 分子筛、1.5 h 可以合成 MOR 分子筛，Beta 分子筛在 200 ℃晶化温度时只需要 2 h 就可以晶化完全。与传统水热合成路线相比，这些高温无溶剂路线合成的沸石分子筛具有相同的结构参数，但时空产率有了一到两个数量级的提升。以 MFI 分子筛为例，在无溶剂高温合成的条件下，它的时空产率高达 11000 kg/(m^3·d)，而普通水热合成的时空产率仅为 530 kg/(m^3·d)。MOR 分子筛和 Beta 分子筛也有相同的情况。

表 5.1　高温合成的分子筛的相关数据

分子筛	合成温度/℃	合成时间/h	微孔比表面积/(m^2/g)	微孔孔体积/(cm^3/g)	时空产率/[kg/(m^3·d)]	文献中的时空产率/[kg/(m^3·d)]
MFI	240	0.5	400	0.18	11000	427[165] 530[187] 10[188]

续表

分子筛	合成温度/℃	合成时间/h	微孔比表面积/(m^2/g)	微孔孔体积/(cm^3/g)	时空产率/$[kg/(m^3 \cdot d)]$	文献中的时空产率/$[kg/(m^3 \cdot d)]$
MOR	240	1.5	380	0.18	4200	47[189] 67[74]
Beta	200	2	436	0.20	2130	61[81] 160[190]
RUB-36	200	36	281	0.12	178	5[181]

5.4　基于无溶剂路线设计高效制备金属与沸石分子筛复合催化材料

采用沸石分子筛晶体封装是稳定化金属纳米颗粒的重要手段。一般来说，传统水热方法很难将金属纳米颗粒封装到沸石分子筛晶体内部，因为金属前驱体在晶化过程中容易团聚或流失到水溶剂中。为了解决这些问题，采用无溶剂合成沸石分子筛路线，实现在没有水溶剂的条件下将金属纳米颗粒封装到沸石分子筛晶体内部，解决金属的团聚和流失问题。

5.4.1　沸石分子筛封装 Au-Pd 纳米颗粒及其催化生物乙醇氧化性能

以 S-1 沸石分子筛封装 Au-Pd 合金纳米颗粒为例，采用无溶剂路线合成了系列样品[191]。所有样品的 XRD 谱图都只显示了 MFI 拓扑结构的谱峰，说明 Au-Pd 纳米粒子均匀地分散在 silicalite-1(S-1)晶体内。Au-Pd 纳米粒子负载量为 1.5%，Au 与 Pd 的比例可以根据需要调节。通过无溶剂的方法，金属有效利用率大于 96%，这说明原料中的金属几乎完全转移到产物中，而传统的水热合成法中只有 34%～36%的金属转移到了最终产物中。

无溶剂封装的 AuPd@S-1 和传统方法负载的 AuPd/S-1 的切片 XRD 照片显示，AuPd@S-1 样品中的 Au-Pd 纳米粒子被包裹在 S-1 中，而 AuPd/S-1 样品的 Au-Pd 纳米粒子只负载于外表面。AuPd@S-1 样品中 Au-Pd 纳米粒子在 650 ℃焙烧 2 h 后，粒径分布几乎没有变化(2.5～6.5 nm)，而经过同样条件处理后的 AuPd/S-1 样品粒子变得非常大(粒径为 4～20 nm)。上述结果充分说明被分子筛晶体包裹的金属纳米粒子具有非常高的热稳定性。

生物乙醇中含有大量的水分，而大部分催化剂的水热稳定性较差，当反应体系中有水存在时，大部分催化剂都不能保持高活性和高选择性。由于外壳 S-1 的疏水性，AuPd@S-1 催化剂在生物乙醇氧化反应中对乙酸的选择性为 97%(反应温度 200 ℃)，而反应温度高于 210 ℃时，对乙酸的选择性高于 99%。即便引入大量的水分，催化性能也没有受到太大影响[图 5.4(A)]。但是负载型 AuPd/S-1 催化剂在引入相同的水量后，其催化性能大幅度降低。

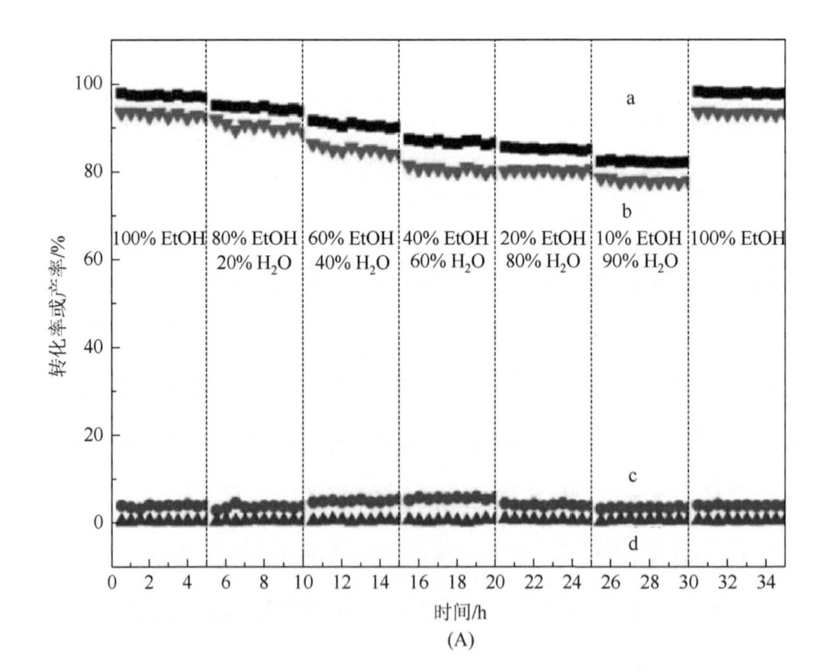

(A)

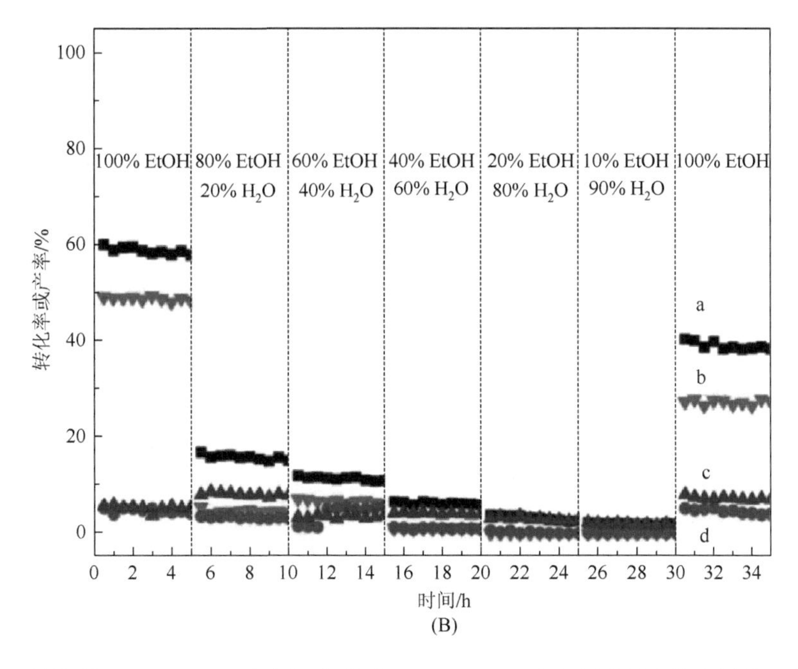

图 5.4　封装型 $Au_{0.4}Pd_{0.6}$/S-1（A）和负载型 $Au_{0.4}Pd_{0.6}$/S-1（B）在不同水引入量的乙醇氧化反应中实现的乙醇转化率（a）以及对乙酸（b）、乙酸乙酯（c）和乙醛（d）的选择性

5.4.2　沸石分子筛封装 Pd 纳米颗粒及其催化生物糠醛加氢

通过沸石分子筛封装策略改善金属纳米颗粒的催化性能不仅适用于氧化反应，还可以拓展到其他反应，如生物质的加氢反应。作者采用无溶剂合成路线制备出了 S-1 沸石分子筛封装钯纳米颗粒（Pd@S-1）并进行了糠醛加氢反应[192]，结果表明，在反应温度为 250 ℃时，使用 Pd@S-1 催化剂可以实现糠醛转化率为 91.3%，而且呋喃的选择性高达 98.7%，远远高于传统负载型催化材料 Pd/S-1。鉴于 Pd@S-1 和 Pd/S-1 催化剂具有相似的金属钯负载量、相似的粒径分布以及相同的 S-1 分子筛载体，Pd@S-1 较高的呋喃选择性可以归因于其特殊的核壳结构。为了验证这个假设，采用氢氟酸处理 Pd@S-1 催化剂，将 S-1 分子筛孔道部分破坏，反应得到的呋喃选择性从之前的 98.7%大幅降到了 46.2%，这证明 Pd@S-1 催化剂的分子筛孔道对糠醛加氢反应中呋喃选择性的控制起着关键作用。

利用傅里叶变换红外光谱研究反应物和产物分子在Pd@S-1催化剂孔道中的扩散作用。反应物和产物分子在Pd@S-1催化剂的脱附红外光谱图上呋喃环或者四氢呋喃环中碳氧键（～1227 cm^{-1}）的峰强度比较及其脱附率经过计算总结在图5.5中。呋喃的脱附率（46.6%）比糠醛、糠醇、四氢呋喃、四氢糠醇和甲基呋喃的脱附率（3.9%～28.9%）都大，这表明在Pd@S-1催化剂的孔道中，呋喃分子比其他分子扩散得快。程序升温脱附（TPD）实验进一步证明呋喃分子确实比其他分子更容易在S-1孔道中扩散。正因为如此，在糠醛加氢反应中，如果有S-1沸石的存在，呋喃分子更易快速脱附而具有高选择性。

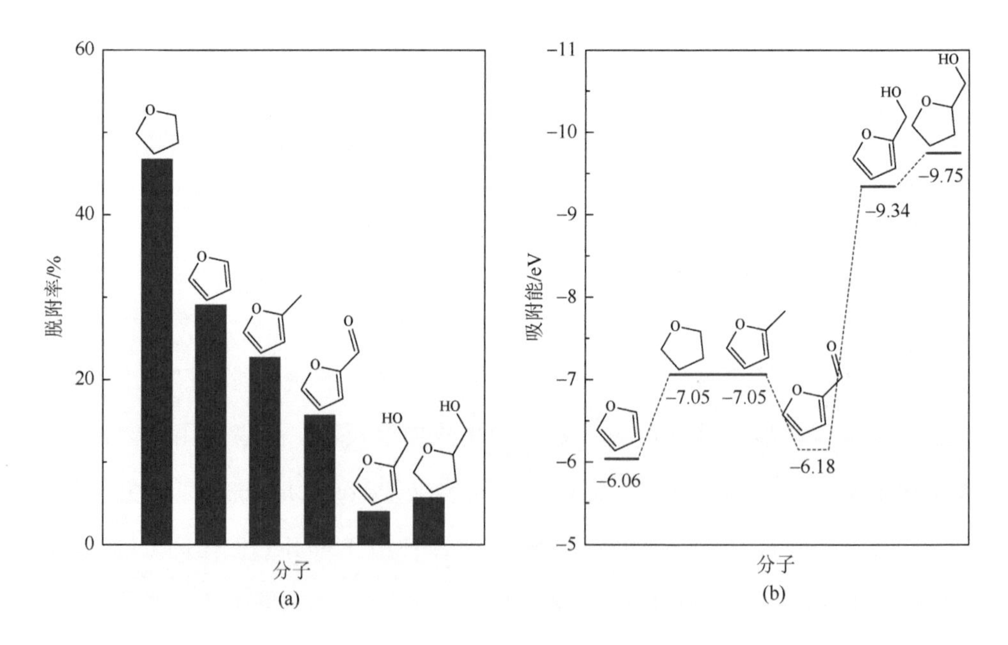

图5.5　不同分子在S-1孔道内的脱附率及吸附能

基于上述结果，沸石分子筛封装金属纳米颗粒较传统负载型金属纳米颗粒表现出优异的催化性能，这是由于沸石分子筛骨架能够增强金属纳米颗粒的稳定性，孔道能够控制反应物、中间体和产物分子在金属中心的扩散效率。通过无溶剂合成路线高效地制备出将沸石分子筛的择形性与金属纳米颗粒高催化活性结合于一体的新型催化剂对于今后设计和发展新一代高效的多相催化剂具有重要意义。

5.5 小　结

无溶剂合成沸石分子筛作为新型绿色路线同传统水热合成方法相比具有高效、减排、安全的优点，主要表现如下：①反应器利用率增加，提高空间产率；②可以在高温条件下快速合成，提高时间产率，从而实现最终时空产率的大大增加；③大幅度减少合成母液的废水排放；④反应釜内压力低，减少安全隐患，降低生产线的投资成本。

无溶剂合成结合原位谱学表征，在揭示分子筛晶化机理方面具有重要的应用前景；将金属纳米粒子通过无溶剂合成路线封装在分子筛晶体内部，增强金属纳米颗粒的热稳定性，将孔道择形性同金属活性结合起来，为制备新一代高效多相催化剂提供了新思路。

第6章 展　　望

20世纪90年代，为了改变传统化工生产中的先污染再治理的生产方式，“绿色化学”和“可持续发展化学”的概念被逐渐引入到科学研究生产领域。绿色化学要求任何可能会对环境或者产品等造成污染的过程都要被禁止，类似于我们经常说的环境一票否决；可持续发展化学强调的是环境效益、经济发展以及生活改善的综合费效分析。我们需要综合考虑将保护环境和发展经济协调起来而不是对立起来，这就要求我们开发新的材料，并在生产过程中减少对环境的威胁，在环境可持续发展的前提下，尽可能地提高人们的生活水平，促进经济发展。

可持续发展(特别是指环境方面)和能源问题已经成为21世纪的全球性问题，而作为能源与环境领域最重要的催化材料之一的沸石分子筛在近20年的重要性日益突出。一个典型的例子就是SSZ-13沸石分子筛在柴油车尾气净化催化剂中的大规模使用。

令人遗憾的是，沸石分子筛的合成仍然使用传统的水热合成，其低能耗、高排放是沸石分子筛合成产业上亟待解决的难题。最近十年来，绿色路线合成沸石分子筛的概念被提出，无有机模板剂合成与无溶剂合成等一系列绿色路线被设计出来，并展开了系列研究，取得了长足的发展，其中无有机模板剂合成Beta沸石分子筛已经成功地在BASF公司实现了工业放大。但是这些方法的广泛使用和深入研究仍然面临系列挑战。

无有机模板剂合成在硅铝沸石方面的研究取得了巨大的成功，但是在磷酸铝分子筛方面的研究仍然有很多局限。吉林大学最近在无有机模板剂条件下合成磷酸铝分子筛方面取得突破，使用调节起始凝胶配比的方法在无有机模板剂的条件下合成了JU-93和JU-104等。但是在工业上具有重要价值的SAPO-34和SAPO-11的合成仍然需要有机模板剂。

无溶剂合成分子筛已经被证实具有普遍适用性，但是其研究目前仍然局限于基础研究。要在工业上大规模应用，加料方式、搅拌等工艺步骤都需要重新设计。而在分子筛晶化机理方面的研究，仍然需要和原位表征谱学(紫外拉曼光谱、NMR 技术等)相结合，以进一步深入探索模板剂和结构单元的核心作用。

除了无有机模板剂合成与无溶剂合成方法，其他绿色路线如微波合成和无钠合成等方法也需要深入研究。微波合成在有机合成中已经广泛应用，在分子筛合成中也取得了一定的进展，特别是和离子液体合成结合高效合成磷酸铝分子筛的基础研究取得了巨大突破，但是在工业应用方面的实例还不多。分子筛作为工业应用催化剂对钠离子的含量有着严格的要求，消除钠的常用方法是使用铵交换并焙烧，这种工艺带来的废水和废气排放有些时候并不少于有机胺。遗憾的是，目前无钠低成本合成沸石分子筛的研究实例还不多。

各种绿色路线的联合使用是彻底解决沸石分子筛合成中低效高污染的有效方法。例如，作者已经成功地使用无有机模板剂无溶剂路线合成了 ZSM-5 和 Beta 沸石分子筛，如果能够将其他绿色路线如微波合成、无钠合成一起应用到该体系中，将会进一步促进沸石分子筛的绿色合成的发展[193]。

参考文献

[1] Breck D W. Zeolite Molecular Sieves. Malabar：Kriger，1984.

[2] Barrer R M. Hydrothermal Chemistry of Zeolite. London：Academic Press，1982.

[3] Rabo J A. Zeolite Chemistry and Catalysis (ACS Monograph No 171). Washington DC：American Chemical Society，1976.

[4] Xu R，Pang W，Yu J，Huo Q，Chen J. Chemistry of Zeolite and Related Porous Materials. Singapore：Wiley，2007.

[5] Baerlocher C，McCusker L B，Olson D H. Atlas of Zeolite Framework Types.Amsterdam：Elsevier，2007.

[6] International Zeolite Association. Zeolite Frame Work Types. http://www.iza-online.org/. 2018-11-12.

[7] Wilson S T，Lok B M. Flanigen E M. Crystalline metallophosphate compositions：USA，4310440. 1982.

[8] Barrer R M. Synthesis of a zeolite mineral with chabazite-like sorptive properties.J Chem Soc，1948，2：127-132.

[9] Bibby D M，Dale M P. Synthesis of silica-sodalite from non-aqueous systems. Nature，1985，317：157-158.

[10] Kanno N，Miyake M，Sato M. Syntheses of ferrierite，ZSM-48，and ZSM-5 in glycerol solvent. Zeolites，1994，14：625-628.

[11] Kuperman A，Nadimi S，Oliver S，Ozin G A，Garces J M，Olken M M. Non-aqueous synthesis of giant crystals of zeolites and molecular sieves. Science，1993，365：239-242.

[12] Leech M A，Cowley A R，Prout K，Chippindale A M. Ambient-temperature synthesis of new layered AlPOs and GaPOs in silica gels. Chem Mater，1998，10：451-456.

[13] Xu W Y，Dong J X，L i J P，Li J Q，Wu F J.A novel method for the preparation of zeolite ZSM-5. Chem Soc Chem Commun，1990，10：755-756.

[14] Cooper E R，Andrews C D，Wheatley P S，Webb P B，Wormald P，Morris R E. Ionic liquids and eutectic mixtures as solvent and template in synthesis of zeolite analogues. Nature，2004，430：1012-1016.

[15] Xu Y，Tian Z，Wang S，Hu Y，Wang L，Wang B，Ma Y，Hou L，Yu J，Lin L. Microwave-enhanced ionothermal synthesis of aluminophosphate molecular sieves. Angew Chem Int Ed，2006，45：3965-3970.

[16] Parnham E R，Morris R E. The ionothermal synthesis of cobalt aluminophosphate zeolite frameworks. J Am Chem Soc，2006，128：2204-2205.

[17] Morris R E. Ionic liquids and microwaves-making zeolites for emerging applications. Angew Chem Int Ed，2008，47：442-444.

[18] Moliner M，Martinez C，Corma A. Multipore zeolites：synthesis and catalytic applications. Angew Chem Int Ed，2015，54：3560-3579.

[19] Breck D W，Flanigen E M. Molecular Sieves. London：Society of Chemical Industry，1986.

[20] McNicol B D，Pott G T，Loos K R. Spectroscopic studies of zeolite synthesis. J Phys Chem，1972，76：3388-3390.

[21] McNicol B D，Pott G T，Loos K R，Mulder N. Spectroscopic studies of zeolite synthesis-evidence for a solid state mechanism. Adv Chem Ser，1973，121：152-161.

[22] Kerr G T. Chemistry of crystalline aluminosilicates. Ⅰ. Factors affecting the formation of zeolite A. J Phys Chem，1996，70：1047-1050.

[23] Ciric J. Kinetics of zeolite A crystallization. J Colloid Interf Sci，1968，28：315-324.

[24] Barrer R M，Denny P J. Hydrothermal chemistry of silicates. Part Ⅸ. Nitrogenous aluminosilicates. J Chem Soc，1961，3：971-982.

[25] Wadlinger R L，Kerr G T，Rosinski E J. Catalytic composition of a crystalline zeolite：USA，3308069. 1967.

[26] Serrano D P，Aguado J，Morales G，Rodríguez J M，Peral A，Thommes M，Epping

J D，Chmelka B F. Molecular and meso- and macroscopic properties of hierarchical nanocrystalline ZSM-5 zeolite prepared by seed silanization. Chem Mater，2009，21：641-654.

[27] Shiju N R，Guliants V V. Recent developments in catalysis using nanostructured materials. Appl Catal A，2009，356：1-17.

[28] Koo J B，Jiang N，Saravanamurugan S，Bejblová M，Musilová Z，Čejka J，Park S E. Direct synthesis of carbon-templating mesoporous ZSM-5 using microwave heating. J Catal，2010，276：327-334.

[29] Chu N B，Yang J H，Li C Y，Cui J Y，Zhao Q Y，Yin X Y，Lu J M，Wang J Q. An unsual hierarchical ZSM-5 microsphere with good catalytic performance in methane dehydromatization. Micropor Mesopor Mater，2009，118：169-175.

[30] Cundy C S，Cox P A. The hydrothermal synthesis of zeolites：history and development from the earliest days to the present time. Chem Rev，2003，103：663-702.

[31] 李赫咺，项寿鹤，吴德明，刘月亭，张晓森，刘述铨. ZSM-5 沸石分子筛合成的研究. 高等学校化学学报，1981：124-126.

[32] 王福生，程文才，张式. 无机铵型 ZSM 系高硅沸石的合成. 催化学报，1981，2：282-287.

[33] 王清遐，蔡光宇，周智远，陈国权.非有机胺型 ZSM-5 沸石催化剂的研究. 催化学报，1982，3：284-289.

[34] 张密林，景晓燕，裘式纶，王英姿.用天然沸石合成 ZSM-5 分子筛.催化学报，1992，13：308-311.

[35] Song J W，Dai L，Ji Y Y，Xiao F S. Organic template free synthesis of aluminosilicate zeolite ECR-1. Chem Mater，2006，18：2775-2777.

[36] Vaughan D E W，Strohmaier K G. Crystalline zeolite (ECR-1) and process for preparing it：USA，4657748. 1987.

[37] Leonowicz M E，Vaughan D E W. Proposed synthetic zeolite ECR-1 structure gives a new zeolite framework topology. Nature，1987，329：819-821.

[38] Gualtieri A F，Ferrari S，Galli E，Renzo F D，Beek W. Rietveld structure refinement of

zeolite ECR-1. Chem Mater，2006，18：76-84.

[39] Chen C S H，Schlender J L，Wentzek S E. Synthesis and characterization of syntheticzeolite ECR-1. Zeolites，1996，17：393-400.

[40] Ding H，Song J W，Ren L M，Xiao F S. Synthesis of zeolite ECR-1 from hydrothermal phase transition of zeolite Y. Chem J Chinese U，2009，30：255-257.

[41] Ernst S，Weitkamp J，Martens J A，Jacobs P A. Synthesis and shape-selective properties of ZSM-22. Appl Catal，1989，48：137-148.

[42] Marler B. Silica-ZSM-22：synthesis and single crystal structure refinement. Zeolites，1987，7：393-397.

[43] Byggningsbacka R，Lindfors L E，Kumar N. Catalytic activity of ZSM-22 zeolites in the skeletal isomerization reaction of 1-butene. Ind Eng Chem Res，1997，36：2990-2728.

[44] Martens J A，Souverijns W，Verrelst W H，Parton R F，Froment G F，Jacobs P A.Tailored catalytic propene trimerization over acidic zeolites with tubular pores. Angew Chem Int Ed，1995，34：2528-2530.

[45] Houzvicka J，Hansildaar S，Ponec V. The shape selectivity in the skeletal isomerisation of *n*-butene to isobutene. J Catal，1997，167：273-278.

[46] Kumar R，Ratnasamy P. ChemInform abstract: Isomerization and formation of xylenes over ZSM-22 and ZSM-23 zeolites. J Catal，1989，116：440-448.

[47] Maesen T L M，Schenk M，Vlugt T J H，de Jonge J P，Smith B. The shape selectivity of paraffin hydroconversion on TON-，MTT-，and AEL-type sieves. J Catal，1999，188：403-412.

[48] Martens J A，Verrelst W H，Mathys G，Brown S H，Jacobs P A.Tailored catalytic propene trimerization over acidic zeolites with tubular pores. Angew Chem Int Ed，2005，44：5687-5690.

[49] Renzo F D，Remoué F，Massiani P，Fajula F，Figueras F. Crystallization kinetics of zeolite TON. Zeolites，1991，11：539-548.

[50] Wang Y Q，Zhu C Q，Qiu J，Jiang F，Meng X J，Wang X，Lei C，Jin Y Y，Pan S X，

Xiao F S. Organotemplate-free synthesis of a high-silica zeolite with a TON structure in the absence of zeolite seeds. Eur J Inorg Chem，2016，1364-1368.

[51] Zhang L，Yang C G，Meng X J，Xie B，Wang L，Ren L M，Ma S J，Xiao F S. Oragnotemplate-free synthesis of ZSM-34 zeolite and its heterotom-substituted analogues with good catalytic performance. Chem Mater，2010，22：3099-3107.

[52] Yang C G，Ren L M，Zhang H Y，Zhu L F，Wang L，Meng X J，Xiao F S. Organotemplate-free and seed-directed synthesis of ZSM-34 zeolite with good performance in methanol-to-olefins. J Mater Chem，2012，22：12238-12245.

[53] Occeli M L，Pollack S S，Sanders J V，Innes R A. Quaternary ammonium cation effects on the crystallization of offretite-erionite type zeolites：Part 1. Synthesis and catalytic properties. Zeolites，1987，7：265-271.

[54] Vartuli J C，Kennedy G J，Yoon B A，Malek A. Zeolite syntheses using diamines：evidence for in situ directing agent modification. Micropor Mesopor Mater，2000，38：247-254.

[55] Wu Z F，Song J W，Ji Y Y，Ren L M，Xiao F S. Organic template-free synthesis of ZSM-34 zeolite from an assistance of zeolite L seeds solution. Chem Mater，2008，20：357-359.

[56] Gies H, Gunawardane R P. One-step synthesis, properties and crystal-structure of aluminum-free ferrierite. Zeolites, 1987, 7: 442-445.

[57] Wattanakit C，Nokbin S，Beokfa B，Pantu P，Limtrakul J. Skeletal isomerization of 1-butene over ferrierite zeolite：a quantum chemical analysis of structures and reaction mechanisms. J Phys Chem C，2012，116：5654-5663.

[58] Khitev Y P，Ivanova I I，Kolygin Y G，Ponomareva O A. Skeletal isomerization of 1-butene over micro/mesoporous materials based on FER zeolite. Appl Catal A：Gen，2012，441：124-135.

[59] Jisa K，Novakova J，Schwarze M，Vondrová A，Sklenák S. Sobalik Z. Role of the Fe-zeolite structure and iron state in the N_2O decomposition：comparison of Fe-FER，Fe-BEA，and Fe-MFI catalysts. J Catal，2009，262：27-34.

[60] Tabor E，Zaveta K，Stathu N K，Sobalik Z，Sazama P，Sobalik Z. N_2O decomposition over

Fe-FER：A mossbauer study of the active sites. Catal Today，2011，175：238-244.

[61] Rakoczy R A，Breuninger M，Hunger M，Traa Y，Weitkamp J. Template-free synthesis of zeolite Ferrierite and characterization of its acid sites. Chem Eng Technol，2002，25：273-275.

[62] Suzuki Y，Wakihara T，Itabashi K，Ogura M，Okubo T. Cooperative effect of sodium and potassium cations on synthesis of ferrierite. Top Catal，2009，52：67-74.

[63] Garcia R，Gomez-Hortiguela L，Blasco T，Pérez-Pariente J. Layering of ferrierite sheets by using large co-structure directing agents：zeolite synthesis using 1-benzyl-1-methylpyrrolidinium and tetraethylammonium. Micropor Mesoporous Mater，2010，132：375-383.

[64] Guo G，Sun Y，Long Y. Synthesis of FER type zeolite with tetrahydrofuran as the template. Chem Comm，2000，19，：1893-1894.

[65] Khomane R B，Kulkarni B D，Ahediy R K. Synthesis and characterization of ferrierite-type zeolite in the presence of nonionic surfactants. J Colloid Interf Sci，2001，246：208-213.

[66] Zhang H Y，Guo Q，Ren L M，Yang C G，Zhu L F，Meng X J，Li C，Xiao F S. Organotemplate-free synthesis of high-silica ferrierite zeolite induced by CDO-structure zeolite building units. J Mater Chem，2011，21：9494-9497.

[67] Sano T，Wakabayashi S，Oumi Y，Uozumi T. Synthesis of large mordenite crystals in the presence of aliphatic alcohol. Micropor Mesopor Mater，2001，46：67-74.

[68] Shaikh A A，Joshi P N，Jacob N E，Shiralkar V P. Synthesis of large mordenite crystals in the presence of aliphatic alcohol. Zeolites，1993，13：511-517.

[69] Bajpai P K. Synthesis of mordenite type zeolite. Zeolites，1986，6：2-8.

[70] Treacy M M J，Higgins J B. Collection of Simulated XRD Powder Patterns for Zeolites.5th ed. Amsterdam：Elsevier，2007.

[71] Zhang L，van Laak A N C，de Jongh P E，de Jong K P. Synthesis of large mordenite crystals with different aspect ratios.Micropor Mesopor Mater，2009，126：115-124.

[72] van Donk S，Broersma A，Gijzeman O L J，van Bokhoven J A，Bitter J H，de Jong K P. Combined diffusion，adsorption，and reaction studies of *n*-hexane hydroisomerization over

Pt/H-mordenite in an oscillating microbalance.J Catal，2001，204：272-280.

[73] van Bokhoven J A, Tromp M, Koningsberger D C, Miller J T, Pieterse J A Z, Lercher J A, Williams B A, Kung H H. An explanation for the enhanced activity for light alkane conversion in mildly steam dealuminated mordenite: The dominant role of adsorption. J Catal，2001，202：129-140.

[74] Ren L M，Guo Q，Zhang H Y，Zhu L F，Yang C G，Wang L，Meng X J，Feng Z C，Li C，Xiao F S. Organotemplate-free and one-pot fabrication of nano-rod assembled plate-like micro-sized mordenite crystals. J Mater Chem，2012，22：6564-6567.

[75] Tracy M M J，Newsam J M. Two new three-dimensional twelve-ring zeolite frameworks of which zeolite beta is a disorder intergrowth. Nature，1988，332：249-251.

[76] van Bekkum H，Flanigen E M，Jacobs P A，Jansen J C. Introduction to Zeolite Science and Practice. Amsterdam：Elsevier，2001.

[77] Pittman R M，Upson L L. FCC process with improved yield of light olefins：USA，7312370. 2007.

[78] Frey S J，Toeler G P. Integrated process for aromatics production：USA，7288687.2007.

[79] Bellussi G，Pazzucomi G，Perego C，Girotti G，Terzoni G. Liquid-phase alkylation of benzene with light olefins catalyzed by β-zeolite. J Catal，1995，157：227-234.

[80] Halgeri A B，Das J，Jhung S H. Trimerization of isobutene over a zeolite beta catalyst. J Catal，2007，245：253-256.

[81] Xie B，Song J G，Ren L M，Ji Y Y，Li J X，Xiao F S. Organotemplate-free and fast route for synthesizing beta zeolite. Chem Mater，2008，20：4533-4534.

[82] Zhang H Y，Chu L L，Xiao Q，Zhu L F，Yang C G，Meng X J，Xiao F S. One-pot synthesis of Fe-beta zeolite by anorganotemplate-free and seed-directed route. J Mater Chem A，2013，1：3254-3257.

[83] Kim J，Jentys A，Maier S M，Lercher A .Characterization of Fe-exchanged BEA zeolite under NH_3 selective catalytic reduction conditions. J Phys Chem C，2013，117：986-993.

[84] Gurgul J，Latka K，Hnat I，Rynkowski J，Dzwigaj S. Identification of iron species in

FeSiBEA by DR UV-vis，XPS and Mössbauer spectroscopy：influence of Fe content. Micropor Mesopor Mater，2013，168：1-6.

[85] Fan F T，Sun K J，Feng Z C，Xia H A，Han B，Lian W X，Ying P L，Li C. From molecular fragments to crystals：a UV Raman spectroscopic study on the mechanism of Fe-ZSM-5 synthesis. Chem Eur J，2009，15：3268-3276.

[86] ValyocsikE W. Hydrothermal synthesis of zeolite ZSM-23—using new diquaternary salt of straight chain 7C terminal diamine as template：USA，4490342.1984.

[87] ParkerL M，Bibby D M. Synthesis and some properties of 2 novel zeolites，KZ-1 and KZ-2. Zeolites，1983，3：8-11.

[88] Araya A，Lowe B M. Synthesis of zeolite EU-13 from a reaction mixture containing tetramethylammonium compound：USA，4705674.1987.

[89] Zones S I. Zeolite SSZ-32：USA，5053373.1991.

[90] Nakagawa Y. Process for preparing zeolites having MTT crystal structure using small，neutral amines：USA，5707601.1998.

[91] Moini A，Schmitt K D，Valyocsik E W，Polomski R F. The role of diquaternary cations as directing agents in zeolite synthesis. Zeolites，1994，14：504-511.

[92] Liu Y，Wang D，Ling Y，Li X B，Liu Y M，Wu P. Synthesis of ZSM-23 zeolite using isopropylamine as template. Chin J Catal，2009，30：525-530.

[93] Wang B，Tian Z，Li P，Wang L，Xu Y，Qu W，He Y，Ma H，Xu Z，Lin L. A novel approach to synthesize ZSM-23 zeolite involving *N,N*-dimethylformamide. Micropor Mesopor Mater，2010，134：203-209.

[94] MöllerK，BeinT. Crystallization and porosity of ZSM-23. Micropor Mesopor Mater，2011，143：253-262.

[95] Wu Q M，Wang X，Meng X J，Yang C G，Liu Y，Jin Y Y，Yang Q，Xiao F S. Organotemplate-free，seed-directed，and rapid synthesis of Al-rich zeolite MTT with improved catalytic performance in isomerization of *m*-xylene. Micropor Mesopor Mater，2014，186：106-112.

[96] Barrer R M，KerrI S. Intracrystalline channels in levynite and some related zeolites. Trans Faraday Soc，1959，55：1915-1923.

[97] Kerr G T. Synthetic zeolite and method preparing the same：USA，3459676. 1969.

[98] Short G D，Whittam T V. Production of olefin (s) from hydrocarbons or their derivatives，e.g. methanol by reaction over zeolite Nu-3 catalyst，pref. in the hydrogen form：Spain，EP40015.1981.

[99] Cannon T R，Brent M T，Flanigen E M. LZ-132 zeolite prepared with methyl-quinuclidine template—useful as adsorbents and catalysts：Spain，EP 91048A1.1983.

[100] Yamamoto K，Ikeda T，Onodera M，Muramatsu A，Mizukami F，Wang W X，Gies H. Synthesis and structure analysis of RUB-50，an LEV-type aluminosilicate zeolite. Micropor Mesopor Mater，2010，128：150-157.

[101] Han B，Lee S H，Shin C H，Cox P A，Hong S B. Zeolite synthesis using flexible diquaternary alkylammonium ions $(C_nH_{2n+1})_2H^+N(CH_2)_5N^+H(C_nH_{2n+1})_2$ with n=1~5 as structure-directing agents. Chem Mater，2005，17：477-486.

[102] Xu H，Li J F，Xu J，Wang J G，Deng F，Li J P，Dong J X. Synthesis and properties of a zeolite LEV analogue from the system Na_2O-Al_2O_3-SiO_2-*N*,*N*-dimethylpiperidine chloride-H_2O. Catal Today，2009，148：6-11.

[103] Inoue T，Itakura M，Jon H，Oumi Y，Takahashi A，Fujitani T，Sano T. Synthesis of LEV zeolite by interzeolite conversion method and its catalytic performance in ethanol to olefins reactions. Micropor Mesopor Mater，2009，122：149-154.

[104] Zhu G S，Xiao F S，Qiu S L，Hun P C，Xu R R，Ma S J，Terasakic O. Synthesis and characterization of a new microporous aluminophospahte with levyne structure in presence of HF. Micropor Mater，1997，11：269-273.

[105] LoK B，Messina C A，Patton R L，Gajek R T，Cannan T R，Flanigen E M. Silicocaluminophosphate molecular sieves：another new class of microporous crystalline inorganic solids. J Am Chem Soc，1984，106：6092-6093.

[106] Barrett P A，Jones R H. Evidence for ordering of cobalt ions in the microporous solid acid

catalyst CoDAF-4 by single crystal X-ray diffaraction and resonant X-ray power diffraction. Phys Chem Chem Phys，2000，2：407-412.

[107] Grunewald-Luke A，Marler R，Hochgrafe M，Gies H. Quinuclidine derivates as structure directing agents for the synthesis of boron containing zeolites. J Mater Chem，1999，9：2529-2536.

[108] Zhang H Y，Yang C G，Zhu L，Meng X J，Yilmaz B，Müller U，Feyen M，Xiao F S. Organotemplate-free and seed-directed synthesis of levyne zeolite. Micropor Mesopor Mater，2012，155：1-7.

[109] Tuoto C V，Nagy J B，Nastro A. Synhtesis and characterization of levyne type zeolite obtained from gels with different SiO_2/Al_2O_3 ratios. Stud Surf Sci Catal，1996，105：213-220.

[110] Huang Y，Yao J F，Zhang X Y，Kong C H，Chen H Y，Liu D X，Tsapatsis M，Hill M R，Hill A J，Wang H T. Role of ethanol in sodalite crystallization in an ethanol-Na_2O-Al_2O_3-SiO_2-H_2O system. Cryst Eng Commn，2011，13：4714-4722.

[111] Oumi Y，Kakinaga Y，Kodaora T，Teranishi T，Sano T. Influence of aliphatic alcohols on crystallization of large moedenite crystals and their sorption properties. J Mater Chem，2003，13：181-185.

[112] van Speybroeck V，Hemelsoet K，de Wispelaere K，Qian Q，van der Mynsbrugge J，de Sterck B，Weckhuysen B M，Waroquier M. Mechanistic studies on chabazite-type methanol-to-olefin catalysts：insights from time-resolved UV/Vis miscrospectroscopy combined with theoretical simulations. ChemCatChem，2013，5：173-184.

[113] Lu D，Kondo J N，Domen K，Begum H A，Niwa M. Ultra-fine tuning of microporous opening size in zeolite by CVD. J Phys Chem B，2004，108：295-2299.

[114] Zhang H Y，Wang L，Zhang D L，Meng X J，Xiao F S. Mesoporous and Al-rich MFI crystals assembled with aligned nanorods in the absence of organic templates. Micropor Mesopor Mater，2016，233：133-139.

[115] Ren L M，Wu Q M，Yang C G，Zhu L F，Li C，Zhang P，Zhang H Y，Meng X J，Xiao F S. Solvent-free synthesis of zeolites from solid raw materials.J Am Chem Soc，2012，

134：15173-15176.

[116] Hensen E J M，Zhu Q，Jansen R A J，Magusin P C M M，Kooyman P J，van Santen R A. Selective oxidation of benzene to phenol with nitrous oxide over MFI zeolites：1. On the role of iron and aluminum. J Catal，2005，233，123-135.

[117] Xie Y C，Tang Y Q.Spontaneous monolayer dispersion of oxides and salts onto surfaces of supports：applications to heterogeneous catalysis. Adv Catal，1990，37：1-43.

[118] Lipsch J M J G，Schuit G C A. The CoO-MoO_3-Al_2O_3 catalyst：Ⅲ. Catalytic properties. J Catal，1969，15：174-178.

[119] Xiao F S，Zheng S，Sun J M，Yu R B，Qiu S L，Xu R R. Dispersion of inorganic salts into zeolites and their pore modification. J Catal，1998，176：474-487.

[120] Dutta P K，Puri M. Synthesis and structure of zeolite ZSM-5：a Raman spectroscopic study. J Phys Chem，1987，91：4329-4333.

[121] Cai Y，Wang Y，Li Y Z，Wang X S，Xin X Q，Liu C M，Zheng H G .New skeletal 3D polymeric inorganic cluster $[W_4S_{16}Cu_{16}Cl_{16}]_n$ with Cu in mixed-valence states：solid-state synthesis，crystal structure，and third-order nonlinear optical properties. Inorg Chem，2005，44：9128-9130.

[122] Zones S I. Zeolite SSZ-13 and its method of preparation：USA，4544538. 1985.

[123] Zones S I. Process for preparing molecular sieves using adamantane template：USA，4665110.1987.

[124] Zones S I. Direct hydrothermal conversion of cubic P zeolite to organozeolite SSZ-13. J Chem Soc-Faraday Trans，1990，86：3467-3472.

[125] Zones S I. Conversion of faujasites to high-silica chabazite SSZ-13 in the presence of *N, N, N*-trimethyl-1-adamantammonium iodide. J Chem Soc-Faraday Trans，1991，87：3709-3716.

[126] Zhu Q，Kondo J N，Tatsumi T，Inagaki S，Ohnuma R，Kubota Y，Shimodaira Y，Kobayashi H，Domen K A. Comparative study of methanol to olefin over CHA and MTF zeolites. J Phys Chem C，2007，111：5409-5415.

[127] Bhawe Y，Moliner-MarinM，Lunn J D，Liu Y，Malek A，Davis M. Effect of cage size on the selective conversion of methanol to light olefins. ACS Catal，2012，2：2490-2495.

[128] Liang J，Su J，Wang Y X，Lin Z J，Mu W J，Zheng H Q，Zou R Q，Liao F H，Lin J H.CHA-type zeolites with high boron content：synthesis，structure and selective adsorption properties. Micropor Mesopor Mater，2014，194：97-105.

[129] Kwak J H，Tonkyn R G，Kim D H，Szanyi J，Peden C H F.Excellent activity and selectivity of Cu-SSZ-13 in the selective catalytic reduction of NO_x with NH_3. J Catal，2010，275：187-190.

[130] Korhonen S T，Fickel D W，Lobo R F，Weckhuysen B M，Beale A M. Isolated Cu^{2+} ions：active sites for selective catalytic reduction of NO. Chem Commun，2011，47：800-802.

[131] Fickel D W，Addio E D，Lauterbach J A，Lobo R F.The ammonia selective catalytic reduction activity of copper-exchanged small-pore zeolites. Appl Catal B，2011，102：441-448.

[132] Fickel D W，Lobo R F. Copper coordination in Cu-SSZ-13 and Cu-SSZ-16 investigated by variable-temperature XRD. J Phys Chem C，2010，114：1633-1640.

[133] Deka U，Juhin A，Eilertsen E A，Emerich H，Green M A，Korhonen S T，Weckhuysen B M，Beale A M.Confirmation of isolated Cu^{2+} ions in SSZ-13 zeolite as active sites in NH_3-selective catalytic reduction. J Phys Chem C，2012，116：4809-4818.

[134] Gao F，Walter E D，Karp E M，Luo J，Tonkyn R G，Kwak J H，Szanyi J，Peden C H F.Structure-activity relationships in NH_3-SCR over Cu-SSZ-13 as probed by reaction kinetics and EPR studies. J Catal，2013，300：20-29.

[135] Wang X，Wu Q M，Chen C Y，Pan S X，Zhang W P，Meng X J，Maurer S，Feyen M，Müller U，Xiao F S. Atom-economical synthesis of high silica CHA zeolite using a solvent-free route. Comm Chem，2015，51：16920-16923.

[136] Hartmann M，Kevan L. Transition-mental ions in aluminophosphate and silicoaluminophosphate molecular sieves：location，interaction with adsorbates and catalytic properties. Chem Rev，1999，99：635-663.

[137] Song W，Haw J F，Nicholas J B，Heneghan C S. Methylbenzenes are the organic reaction centers for methanol-to olefin catalysis on HSAPO-34. J Am Chem Soc，2000，122：10726-10727.

[138] Li J Z，Wei Y X，Chen J R，Tian P，Su X，Xu S T，Qi Y，Wang Q Y，Zhou Y，He Y L，Liu Z M. Observation of heptamethylbenzenium cation over SAPO-type molecular sieve DNL-6 under real MTO conversion conditions. J Am Chem Soc，2012，134：836-839.

[139] Campelo J M，Lafont F，Marinas J M. Hydroconversion of *n*-dodecane over Pt/SAPO-11 catalyst. App Catal A：Gen，1998，170：139-144.

[140] Yang S M，Wu Y M. One step synthesis of methyl isobutyl ketone over palladium supported on $AlPO_4$-11 and SAPO-11. App Catal A：Gen，2000，192：211-220.

[141] Jin Y Y，Sun Q，Qi G D，Yang C G，Xu J，Chen F，Meng X J，Deng F，Xiao F S. Solvent-free synthesis of silicoaluminophosphate zeolites. Angew Chem Int Ed，2013，52：9172-9175.

[142] Prakash A M. Synthesis of SAPO-34：high silicon incorporation in the presence of morpholine as template. J Chem Soc-Faraday Trans，1994，90：2291-2296.

[143] Buchholz A，Wang W，Xu M，Arnold A，Hunger M. Thermal stability and dehydrosylation of bronsted acid sites in silicoaluminophospates H-SAPO-11，H-SAPO-18，H-SAPO-31，and H-SAPO-34 investigated by multi-nuclear solid-state NMR spectroscopy. Micropor Mesopor Mater，2002，56：267-278.

[144] Liu G Y，Tian P，Zhang Y，Li J Z，Xu L，Meng S J，Liu Z M. Synthesis of SAPO-34 templated by diethylamine：crystallization process and Si distribution in the crystals. Micropor Mespor Mater，2008，114：416-423.

[145] Blackwell C S，Patton R L. Solid state NMR of silicoaluminophate molecular sieve and aluminophosphate materials. J Phys Chem，1988，92：3965-3970.

[146] Blackwell C S，Patton R L. Aluminum-27 and phosphorus-31 nuclear magnetic resonance studies of aluminophosphate molecular sieves. J Phys Chem，1984，88：6135-6139.

[147] Hasha D，de Saldarriaga L S，Saldarriage C，Hathaway P E，Cox D F，Davis M E. Studies

of silicoaluminophosphates with the sodalite structure. J Am Chem Soc，1988，110：2127-2135.

[148] Huang Y，Machado D，Kirby C W. A study of the formation of molecular sieve SAPO-44. J Phys Chem B，2004，108：1855-1865.

[149] Zubowa H L，Alsdorf E，Fricke R，Neissendorer F，Richter-Mendau S E，Zeigan D，Zibrowius B. Synthesis and properties of the silicoaluminophosphate molecular sieve SAPO-31. J Chem Soc-Faraday Trans，1990，86：2307-2312.

[150] Watanabe Y，Koiwai A，Takeuchi H，Hyodo S A，Noda S. Multinuclear NMR studies on the thermal stability of SAPO-34. J Catal，1993，143：430-436.

[151] Borade R B，Clearfield. A comparactive study of acidic properties of SAPO-5，-11，-34 and -37 molecular sieves. J Molecular Catal，1994，88：294-265.

[152] Tan J，Liu Z M，Bao X H，Liu X C，Han X W，He C Q，Zhai R S. Crystallization and Si incorporation mechanisms of SAPO-34. Micropor Mesopor Mater，2002，53：97-108.

[153] Xiao F S，Wang L F，Yin C Y，Lin K F，Di Y，Li J X，Xu R R，Su D S，Schlögl R，Yoko T，Tatsumi T. Catalytic properties of hierarchical mesoporous zeolites templated with a mixture of small organic ammonium salts and zeolites cationic polymers. Angew Chem Int Ed，2006，45：3090-3093.

[154] Jin Y Y，Chen X，Sun Q，Sheng N，Liu Y，Bian C Q，Chen F，Meng X J，Xiao F S. Solvent-free syntheses of hierarchically porous aluminophosphate-based zeolites with AEL and AFI structures. Chem Eur J，2014，22：17616-17623.

[155] Uytterhoeven M G，Schoonheydt R A. Diffuse reflectance spectroscopy of cobalt in wet and dry gels for probing the synthesis of CoAPO-5 and CoAPO-34. Micropor Mater，1994，3：265-278.

[156] Gao Q M，Weckhuysen B M，Schoonheydt R A. On the synthesis of CoAPO-46，-11，and -44 molecular sieves from a $Co(Ac)_2·4H_2O·Al(iPrO)_3·H_3PO_4·Pr_2NH·H_2O$ gel via experimental design. Micropor Mesopor Mater，1999，27：75-86.

[157] Fan W，Schoonheydt R A，Weckhuysen N M. Hydrothermal synthesis of Co-rich molecular

sieves. Phys Chem Chem Phys，2001，3：3240-3246.

[158] Fan W，Li R，Dou T，Tatsumi T，Weckhuysen B M. Solvent effect in the synthesis of Co-APO-5，-11，and -34 molecular sieves. Micropor Mesopor Mater，2005，84：116-126.

[159] Prakash A M，Chilukuri S V V，Ashtekar S，Chakrabarty D K. Synthesis and characterization of large-pore molecular sieves CoAPO-36 and CoSAPO-46. J Chem Soc-Faraday Trans，1996，92：1257-1262.

[160] Montes C，Davis M E，Murray B，Narayana M. Isolated redox centers within microporous environments. 2. Vanadium-containing aluminophate molecular sieve five. J Chem Phys，1990，94：6431-6435.

[161] Šponer J，Čejka J，Dědeček J，Wichterlová B. Coordination and properties of cobalt in the molecular sieves CoAPO-5 and-11. Micropor Mesopor Mater，2000，37：117-127.

[162] Rajić N，Stojaković D，Hočevar S，Kaučič V. On the possibility of incorporating Mn(Ⅱ) and Cr(Ⅲ) in SAPO-34 in the presence of isopropylamine as a template. Zeolites，1993，13：384-387.

[163] Chen X，Meng X J，Xiao F S. Solvent-free synthesis of SAPO-5 zeolite with plate-like morphology in the presence of surfactants. Chin J Catal，2015，36：797-800.

[164] Shen S C，Kawi S. MCM-41 with improved hydrothermal stability：formation and prevention of Al content dependent structural defects. Langmuir，2002，18：4720-4728.

[165] Wu Q M，Liu X L，Zhu L F，Ding L H，Gao P，Wang X，PanS X，Bian C Q，Meng X J，Xu J，Deng F，Maurer S，Müller U，Xiao F S. Solvent-free synthesis of zeolite from anhydrous starting raw solids. J Am Chem Soc，2015，137：1052-1055.

[166] Fyfe C A，Brouwer D H，Lewis A R，Chézeau J M. Location of the fluoride ion in tetrapropylammonium fluoride silicalite-1 determined by $^{1}H/^{19}F/^{29}Si$ triple resonance CP，REDOR，and TEDOR NMR experiments. J Am Chem Soc，2001，123：6882-6891.

[167] Villaescusa L A，Bull I，Wheatley P S，Lightfoot P，Morris R E. The location of fluoride and organic guests in 'as-made' pure silica zeolite FER and CHA. J Mater Chem，2003，13：1978-1982.

[168] Liu X L，Ravon U，Tuel A. Evidence for F^-/SiO_2 Anion exchange in the framework of as-synthesized all-silica zeolite. Angew Chem Int Ed，2011，50：5900-5903.

[169] Wu Q M，Wang X，Qi G D，Guo Q，Pan S X，Meng X J，Xu J，Deng F，Fan F T，Feng Z C，Li C，Maurer S，Müller U，Xiao F S. Sustainable synthesis of zeolites without addition of both organotemplates and solvents. J Am Chem Soc，2014，136：4019-4025.

[170] Yu Y，Xiong G，Li C，Xiao F S. Characterization of aluminosilcate zeolites by UV Raman spectroscopy. Micropor Mescropor Mater，2001，46：23-34.

[171] Mihailova B，Valtchev V，Mintova S，Faust A C，Petkov N，Bein T. Interlayer stacking disorder in zeolite beta family：a Raman spectroscopic study. Phys Chem Chem Phys，2005，7：2756-2763.

[172] Sheng N，Chu Y Y，Xin S H，Wang Q，Yi X F，Feng Z C，Meng X J，Liu X L，Deng F，Xiao F S. Insights of the crystallization process of molecular sieve $AlPO_4$-5 prepared by solvent-free synthesis. J Am Chem Soc，2016，138：6171-6176.

[173] Fan F T，Feng Z C，Sun K J，Guo M L，Guo Q，Song Y，Li W X，Li C.*In situ* UV Raman spectroscopic study on the synthesis mechanism of AlPO-5. Angew Chem Int Ed，2009，48：8743-8747.

[174] Oliver S，Kuperman A，Lough A，Ozin G A. Aluminophosphate chain-to-layer transformation. Chem Mater，1996，8：2391-2398.

[175] Holmes A J，Kirkby S J，Ozin G A，Young D.Raman spectra of the unidimensional aluminophosphate molecular sieves $AlPO_4$-11，$AlPO_4$-5，$AlPO_4$-8，and VPI-5. J Phys Chem，1994，98：4677-4682.

[176] Dutta P K，Twu J. Influence of framework silicon/aluminum ratio on the Raman spectra of faujasitic zeolites. J Phys Chem，1991，95：2498-2501.

[177] Xu J，Chen L，Zeng D，Yang J，Zhang M，Ye C，Deng F.Crystallization of $AlPO_4$-5 aluminophosphate molecular sieve prepared in fluoride medium：a multinuclear solid-state NMR study. J Phys Chem B，2007，111：7105-7113.

[178] Tian P，Su X，Wang Y X，Xia Q H，Zhang Y，Fan D，Meng S H，Liu Z M.Phase-transformation

synthesis of SAPO-34 and a novel SAPO molecular sieve with RHO framework type from a SAPO-5 precursor. Chem Mater，2011，23：1406-1413.

[179] Maldonado M，Oleksiak M D，Chinta S，Rimer J D. Controlling crystal polymorphism in organic-free synthesis of Na-zeolites. J Am Chem Soc，2013，135：2641-2652.

[180] Bian C Q，Zhang C S，Pan S X，Chen F，Zhang W P，Meng X J，Maurer S，Dai D，Parvulescu A N，Müller U，Xiao F S. Generalized high-temperature synthesis of zeolite catalysts with unpredictably high space-time yields (STYs). J Mater Chem A，2017，5：2613-2618.

[181] Gies H，Müller U，Yilmaz B，Feyen M，Tatsumi T，Imai H，Zhang H，Xie B，Xiao F S，Bao X H，Zhang W P，de Baerdemaker T，de Vos D. Interlayer expansion of the hydrous layer silicate RUB-36 to a functionalized，microporous framework silicate：crystal structure analysis and physical and chemical characterization. Chem Mater，2012，24：1536-1545.

[182] Yilmaz B，Müller U，Feyen M，Zhang H Y，Xiao F S，de Baerdemaeker T，Tijsebaert B，Jaobs P，de Vos D，Zhang W P，Bao X H，Imai H，Tatsumi T，Gies H.New zeolite Al-COE-4：reaching highly shape-selective catalytic performance through interlayer expansion. Chem Commun，2012，48：11549-11551.

[183] Varcoe J R，Slade R C T.Prospects for alkaline anion-exchange membranes in low temperature fuel cells. Fuel Cells，2005，2：187-200.

[184] Schreyeck L，Caullet P，Mougenel J C，Guth J L，Maeler B.PREFER：a new layered (alumino) silicate precursor of FER-type zeolite. Microporous Mater，1996，6：259-271.

[185] Xiao N，Wang L，Liu S，Zou Y C，Wang C Y，Ji Y Y，Song J W，Li F，Meng X J，Xiao F S. High-temperature synthesis of ordered mesoporous silicas from solo hydrocarbon surfactants and understanding of their synthetic mechanisms. J Mater Chem，2009，19：661-665.

[186] Pan D，Yuan P，Zhao L Z，Liu N，Zhou L，Wei G F，Zhang J，Ling Y C，Fan Y，

Wei B Y，Liu H Y，Yu C Z，Bao X H.New understanding and simple approach to synthesize highly hydrothermally stable and ordered mesoporous materials. Chem Mater，2009，21：5413-5425.

[187] Hsu C Y，Chiang A S T，Selvin R，Thompson R W. Rapid synthesis of MFI zeolite nanocrystals. J Phys Chem B，2005，109：18804-18814.

[188] Kokotailo G T，Lawton S L，Olson D H，Meier W M. Structure of synthetic zeolite ZSM-5. Nature，1978，272：437-438.

[189] Sharma P，Rajaram P，Tomar R J. Synthesis and morphological studies of nanocrystalline MOR type zeolite material. Colloid Interface Sci，2008，325：547-557.

[190] Fan W，Chang C C，Domath P，Wang Z. Rapid synthesis of beta zeolites：USA，09108190. 2015.

[191] Zhang J，Wang L，Zhu L F. Wu Q M，Chen C Y，Wang X，Ji Y Y，Meng X J，Xiao F S. Solvent-free synthesis of zeolite crystals encapsulating gold-palladium nanoparticles for the selective oxidation of bioethanol. ChemSusChem，2015，8：2867-2871.

[192] Wang C T，Wang L，Zhang J，Wang H，Lewis J P，Xiao F S. Product selectivity controlled by zeolite crystals in biomass hydrogenation over a palladium catalyst. J Am Chem Soc，2016，138：7880-7883.

[193] Meng X J，Xiao F S. Green routes for synthesis of zeolite. Chem Rev，2013，114：1521-1543.